全部入り。

できる Excel マクロ 仕事がはかどる

古川順平 著

インプレス

はじめに

「Excelはどうやらプログラムで自動化できるらしい」「Excelの"マクロ"機能を使うと仕事の効率が一気に上がるらしい」「Excelでもプログラミングが勉強できるらしい」——そんなうわさを聞いたことはないでしょうか。そうです。実はExcelではマクロという仕組みを利用すると、プログラムによってExcelを操作できるのです。マクロが使えるようになると、Excelを使った作業の効率が劇的に上がります。

さらにExcelのマクロ機能は、「自分の操作を自動的にプログラムにしてくれる」というすばらしい機能を持っているため、とても簡単にプログラムが作成できるという特徴もあります。しかし、ここでひとつ困った点が。実は自動記録されるプログラムは、少々無駄が多く、「長くてわかりにくい」ものになりがちなのです。そのため、マクロを覚えようとした方が、記録されたプログラムを見て、「こんな長くて難しそうなの無理だ」と敬遠してしまうことがよくおきます。でも実は、マクロのプログラムは思ったよりも簡単なのです。そして、思ったよりもとても役に立ちます。諦めてしまうには、非常にもったいない「おいしい」機能なのです。

そこで本書では、できるだけ短いプログラムのコードをご紹介しながら、マクロ機能の使い方の説明や、プログラムの書き方のコツ、そして、「こんなこともできるんですよ」というノウハウのご紹介しています。

個々のサンプルのプログラムは、短くまとめ、何をやっているかを把握しやすくし、目的に合ったプログラムを作成する際の手助けになるようなものを心がけています。

短いコードを試していただき、使い方を把握していけば、自分の業務に合った長めのプログラムの作成もきっと達成できることでしょう。ぜひ手に取ってご一読を。そして、実際にサンプルを動かしてみてください。

本書がマクロ、および「VBA」の学習をスタートするきっかけに、そして、プログラミングの楽しさに気づいていただけるきっかけとなれば幸いです。

最後に、いつもきっちりと書籍作成の進行を管理していただいている澤田竹洋さん、そして、日々私を支えてくれる家族と友人、そして猫のソラ君に多大なる感謝を。

富士山麓にて　古川順平

仕事がはかどる Excelマクロ全部入り。 contents もくじ

Chapter 1 自動化の勘所をつかむ マクロの基礎知識　011

マクロの基本
- 001　マクロを使っていつもの仕事を自動化しよう　012
- 002　マクロを使うための下準備しよう　014

マクロの記録
- 003　一連の操作をマクロとして記録する　016
- 004　記録したマクロを実行する　018
- 005　相対参照でマクロを記録する　020
- 006　マクロを含むブックを保存する　022

VBEの基本的な使い方
- 007　VBEでマクロの内容を確認・編集する　024
- 008　VBEから直接マクロを実行する　026
- 009　マクロを含むブックを開く　028
- 010　マクロの内容を1行1行確かめる　030
- 011　マクロの実行を中断する　032

Chapter 2 必ず知っておきたい マクロの基本ルール　033

マクロの基本文法
- 012　マクロは「モジュール」に記述する　034
- 013　1つのマクロは3つの要素で構成されている　036
- 014　自作マクロをイチから作ってみよう　038
- 015　モジュール内での数値・文字・日付の書き方　040

| 016 | エラーが起きたときの対処方法 | 042 |
| 017 | いくつかのマクロをまとめて実行する | 044 |

`オブジェクトと命令`

018	命令は「オブジェクト」の仕組みを使って指定する	046
019	オブジェクトの指定に便利な「コレクション」	048
020	オブジェクトの状態を管理する「プロパティ」	050
021	オブジェクトの機能を実行する「メソッド」	052
022	機能のオプションを指定する「引数」	054
023	どのオプションを利用するかを指定する「定数」	056
024	利用したいオブジェクトの調べ方	058
025	オブジェクトは階層構造を使って指定する	060

`演算子と変数`

026	VBAで計算を行うときに使用する記号（演算子）	062
027	変数に値を保存する	064
028	変数にオブジェクトを保存する	066

Chapter 3 「もし」「繰り返し」で柔軟なマクロにする　069

`デバッグ・条件分岐・繰り返し`

029	開発時に変数や計算結果を確認用に書き出す	070
030	セルの値によって表示メッセージを変更する	072
031	プログラムの流れを2つ以上に分岐する	074
032	同じ処理を繰り返し実行する	076
033	［はい］［いいえ］を選んでもらう	078

Chapter 4 面倒なデータ入力を一瞬で終える　081

`文字・数式の入力`

| 034 | 会社の住所や連絡先を一発で入力する | 082 |

| 035 | 複雑な関数・数式を簡単に入力する | 084 |
| 036 | 複雑な相対参照の関数・数式を瞬時に入力する | 086 |

データの自動入力
037	30%の確率で「当選」と入力するシミュレーションを行う	088
038	連番の最新値を取得して入力する	090
039	セル範囲にまとめてデータを入力する	092

セル・列・行の選択
| 040 | 表内の特定の列全体を選択する | 094 |
| 041 | 新規データの入力位置を取得する | 096 |

日付の計算と入力
042	日付値から曜日の文字列を得る	098
043	10日後や10カ月後の日付を得る	100
044	月初日や月末日を得る	102

データの整形
| 045 | コピーしてきたカンマ区切りのデータを列ごとに配分する | 104 |
| 046 | 「1-10」を、「1月10日」に変換されないように分割 | 106 |

Chapter 5　データをすばやく正確に修正する　109

コピー&ペースト
047	よく使う表のパターンをマクロでコピーする	110
048	数式を一発で値に置き換える	112
049	書式のみを引き継ぐ	114

フリガナと文字列整形
050	並べ替えがうまくいかないときはフリガナを一括消去する	116
051	漢字にフリガナを一括で設定する	118
052	カタカナのみを全角にする	120
053	全角・半角やひらがな・カタカナを統一する	122
054	日付値変換されてしまった文字列を元に戻す	124

データの削除
| 055 | 請求書を一発で初期状態にする | 126 |
| 056 | 表内の1レコード分を選択・削除する | 128 |

文字列の処理

- 057 選択セル範囲すべての値に「様」を付加する……130
- 058 特定セル範囲内の文字列を一括置換する……132
- 059 リストに従って複数組み合わせの置換を実行……134
- 060 セル内改行や文字列を置換して消去する……136

表の修正・確認

- 061 チェック用に色を付けておいたセルに移動……138
- 062 列内で参照式がズレているセルに色を付ける……140
- 063 複数セルの値を連結する……142
- 064 書類の提出前に非表示の有無をチェックする……144
- 065 3行ごとに空白行を挿入……146
- 066 重複を削除する……148

Chapter 6 書式設定を高速化して美表を作る　151

列の選択・設定

- 067 よく使う表のパターンをマクロでコピーする……152
- 068 列幅を自動調整する……154

文字の書式の設定

- 069 定番のフォントの組み合わせに統一する……156
- 070 一発でいつもの表示形式を設定する……158

罫線と背景色の設定

- 071 決まったパターンの罫線を引く……160
- 072 5行ごとに罫線を引く……162
- 073 背景色だけを設定／消去する……164

その他の書式設定

- 074 計算式のトレース矢印を一括表示する……166
- 075 無記名のコメントをすばやく作成する……168
- 076 数式の入力されているセルのみ文字色を設定する……170

Chapter 7 図形やグラフを手早く美しく整える　173

図形・グラフの操作

- 077　よく使う表のパターンをマクロでコピーする　174
- 078　図中の文字列を縦横中央に配置する　176
- 079　吹き出し内のテキストを変更する　178
- 080　グラフ・図形の位置や大きさを調整する　180
- 081　定番のグラフを一瞬で作成する　182

Chapter 8 乱雑なデータから瞬時に答えを導く　185

コピーと選択の応用テクニック

- 082　コピー内容の1行目を除いてペーストする　186
- 083　アクティブセルを元に相対的なセル範囲を取得する　188

データの確認・整理

- 084　セル内に特定の単語が含まれている個数を数える　190
- 085　いつも指定している順番でデータを並べ替える　192

データの抽出と活用

- 086　定番のフィルターでデータを抽出する　194
- 087　重複を取り除いたリストを作成する　196
- 088　特定の値を持つセルに色を付ける　198
- 089　フィルターの結果を転記する　200
- 090　「ア」行のデータを抽出する　202
- 091　抽出したデータから必要な列だけを転記する　204
- 092　抽出したデータのみのスポット集計を行う　206
- 093　コメントの位置と内容を一覧表にまとめる　208

Chapter 9 データの書き出しと印刷をスマートにこなす　211

データの書き出し

- 094 グラフを画像として書き出す …… 212
- 095 日時を付けてコピーを保存する …… 214
- 096 ブックが保存されているフォルダーを取得する …… 216
- 097 保存用フォルダーがない場合に作成する …… 218
- 098 セルに作成したリストの名前でブックを連続作成する …… 220

印刷の設定

- 099 印刷ページ数を知る …… 222
- 100 改ページを表す点線を非表示にする …… 224
- 101 すばやく印刷プレビュー画面を表示する …… 226
- 102 大きな表をA3用紙1枚に収まるように印刷する …… 228

Chapter 10 ブックとシートを自在に操る　231

ブックとシートを操作する

- 103 マクロでシートを操作する …… 232
- 104 マクロでブックを操作する …… 234
- 105 マクロでシートの追加・削除を行う …… 236
- 106 新規シートを末尾（いちばん右）に追加する …… 238
- 107 場所を指定してシートをコピーする …… 240
- 108 ブックを開いて操作する準備をする …… 242
- 109 マクロで新しいブックを追加する …… 244

ブックの保存と終了

- 110 ブックの保存と上書き保存をする …… 246
- 111 変更を反映せずにブックを閉じる …… 248
- 112 バックグラウンドで開いているブックをまとめて閉じる …… 250

シートのコピーと削除

- 113 現在のシートを残して削除する ……………………………………… 252
- 114 あとで参照したい資料を専用ブックにコピーする ……………… 254

Chapter 11 ブックとシートをまとめて操作する　257

作業グループ

- 115 複数シートをまとめて選択する ……………………………………… 258
- 116 特定の値を持つシートを選択する …………………………………… 260
- 117 すべてのシートのセルA1を選択して保存する …………………… 262

シートの保護と個人情報の管理

- 118 数式が入力されているセルだけを保護する ……………………… 264
- 119 ブックに保存されている個人情報を消去する …………………… 266
- 120 利用できるセル範囲をきっちり制限する ………………………… 268
- 121 非表示シートがあるかどうかをチェックする …………………… 270

マクロからファイル操作

- 122 フォルダー内のすべてのExcelブックを列挙する ……………… 272
- 123 シート上のリスト通りにファイル名を変更する ………………… 274
- 124 シート上のリスト通りに新規シートを追加する ………………… 276

シートをまとめて操作する

- 125 複数シートをまとめてコピーして新規ブックを作成する ……… 278
- 126 複数シートのデータを1つのシートにまとめる ………………… 280

Chapter 12 自動化の可能性を広げるプラスαテクニック　283

フォルダーを開く

- 127 現在のブックのフォルダーを開く …………………………………… 284
- 128 個人用マクロブックのあるフォルダーを一発で開く …………… 286

画面表示を調整する
- 129　いつものウィンドウサイズに調整する ……………………………… 288
- 130　画面のちらつきやイベント処理を抑えて高速化する ……………… 290

フォームコントロールを使いこなす
- 131　ボタンに登録するマクロを切り替える ……………………………… 292

アプリを起動する
- 132　ブラウザーで任意のページを開く …………………………………… 294

タイマーを設定する
- 133　指定時間や一定の間隔でマクロを実行 ……………………………… 296

Sub／Functionステートメント
- 134　複数のマクロを順番に呼び出す ……………………………………… 298
- 135　ユーザー定義関数でマクロの流れをスッキリ整理 ………………… 300
- 136　呼び出すマクロに情報を渡す ………………………………………… 302

Chapter 13　マクロをもっと手軽に使えるようにする　305

マクロを瞬時に起動する
- 137　マクロをボタンや図形に登録する …………………………………… 306
- 138　マクロをクイックアクセスツールバーに登録する ………………… 308
- 139　マクロをショートカットキーに登録する …………………………… 310

イベント処理
- 140　マクロを自動で起動する ……………………………………………… 312

サンプルファイルのダウンロードサービス

本書で紹介しているマクロを掲載したExcelブックをダウンロードいただくことができます。実際にマクロの動作を確認しながら本書をお読みいただくことで、より深い理解を得られるでしょう。サンプルファイルのダウンロード方法は、P.319を参照してください。

Chapter 1

自動化の勘所をつかむ
マクロの基礎知識

マクロの基本

001 マクロを使って いつもの仕事を自動化しよう

📄 面倒な作業もボタン1つで即完了！

　Excelを利用して業務をこなしている皆さんの中には、「**Excelの作業は自動化できるらしい**」という話を聞いたことがある方もいるでしょう。そのとおり、実はExcelには、作業を自動化できる機能があらかじめ用意されています。その機能の名を**［マクロ］機能**と言います。

　マクロ機能は、自動化したい作業に対応するプログラムをあらかじめ「マクロ」の形式で記述しておき、そのマクロを実行することにより、目的の操作をExcelが自動的に実行します。

　ここまで聞いて、「えっ、それじゃあプログラムを自分で書かないといけないのか。難しそうだなあ」と思った方、ご安心ください。実はExcelには、私たちが手作業で行った操作を自動で「マクロ」に変換してくれる機能が搭載されています。つまり、**意外と手軽な機能**なのです。

　面倒な作業も、「マクロ」を登録したボタン1つを押せばあらかた完了してしまう、なんてことも夢ではありません。ぜひ、マクロの仕組みや使い方をマスターして、日々の業務の効率化・時間短縮に役立ててください。

図1：プログラムを記述したとおりに実行

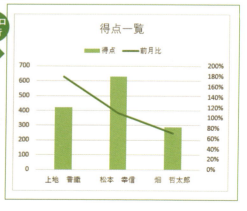

グラフを作って配色を設定して、凡例や第二軸を調整する――こうした一連の作業もマクロに登録しておけば1回のクリックで実行できる

マクロのメリットは「すばやく」「正確に」

　マクロの最大のメリットは、なんといっても**時間のかかる面倒な作業を、一瞬で完了できる点**です。マクロはプログラムとして記述された内容をあっという間に実行します。普段何時間もかけている作業が、ほんの何秒かで終わってしまうことさえ珍しくありません。マクロは作業時間短縮の最良のパートナーといえます。

　さらに、マクロはコンピュータが自動実行するため、**手作業のときのようなうっかりミスがありません**。手作業時では、特に作業時間が長くなってくると、どんなに注意していてもささいな間違いが発生するのは避けられませんが、マクロであれば大丈夫です。

　この「時間短縮」と「正確性」が、マクロ機能のメリット2本柱なのです。

図2：時間短縮と正確性がマクロのメリット2本柱

マクロは学習しやすい環境が整っている

　Excelのマクロは、ほかのプログラミング言語と比べると学習しやすい環境が整っています。**Excelさえ手元にあれば学習を始められますし、成果もすぐに得られます**。基本的な文法はシンプルですし、［マクロの記録］機能によって、Excelの個々の操作に対応するプログラムの書き方も簡単に知ることができます。何より、すでに使いこなしている先輩や仲間がたくさんいるのも心強いところ。学びに必要な情報には事欠きません。

　さあ、それではマクロの学習を始めましょう。

> マクロの基本

002 マクロを使うための下準備しよう

■ Excelに[開発]タブを追加する

マクロ機能を利用する際には、リボンに［開発］タブを追加しておくと便利です。また、［セキュリティーセンター］の［マクロの設定］画面で一定のセキュリティの設定を行うと、安全にマクロを活用できます。

図1：[開発]タブ

　マクロの実行や作成を行う際には、リボンに**［開発］タブ**を追加しておきましょう。［開発］タブには、マクロに関するさまざまな機能がまとめられています。「マクロ関連で何かしたかったら、とりあえず［開発］タブ内を探してみる」というスタンスで利用するといいでしょう。

図2：[開発] タブの追加手順

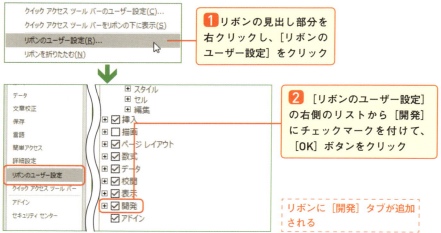

❶ リボンの見出し部分を右クリックし、［リボンのユーザー設定］をクリック

❷ ［リボンのユーザー設定］の右側のリストから［開発］にチェックマークを付けて、［OK］ボタンをクリック

リボンに［開発］タブが追加される

マクロに対するセキュリティの確認と設定

うっかり誤って出所のわからないブックを開き、悪意のあるマクロ（いわゆる「マクロウィルス」）を実行してしまうことのないように、Excelではマクロに関するセキュリティの設定ができるようになっています。

自分で作成したマクロを利用する際には、[**警告を表示してすべてのマクロを無効にする**]の設定（初期設定）にしておくのがおすすめです。これは、マクロのブックを開いたときに確認メッセージを表示し、OKした場合のみにマクロの実行を許可する設定です。

図3：マクロのセキュリティの確認／変更手順

❶ [開発]-[マクロのセキュリティ]をクリック

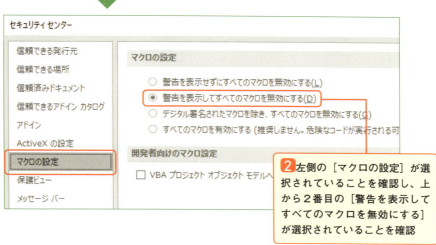

❷ 左側の[マクロの設定]が選択されていることを確認し、上から2番目の[警告を表示してすべてのマクロを無効にする]が選択されていることを確認

マクロを含むブックを開くと確認メッセージが表示されるようになる

ここもポイント ｜ [開発]タブの設定は一度でOK

[開発]タブは一度追加すれば、Excelを終了しても追加されたままの状態を保ちます。

マクロの記録

003 一連の操作を マクロとして記録する

　[マクロの記録]機能を利用すると、手作業で行った一連の操作を「マクロ」として記録し、あとから再現できるようになります。

プログラミングしなくてもマクロは作れる！

　"マクロ＝プログラミングが必須"と思いがちですが、「**マクロの記録**」にはそうした専門的な知識は一切不要です。[開発]タブの[マクロの記録]ボタンをクリックすると、それ以降行った操作を、「マクロ」として記録できます。実際に試してみましょう。

図1：マクロの記録の手順

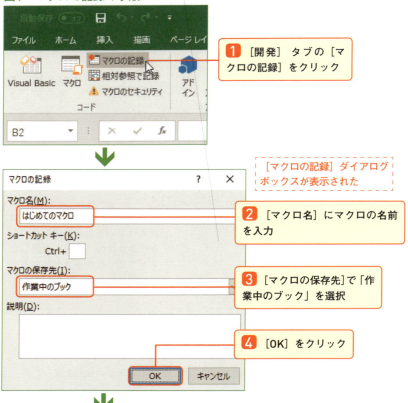

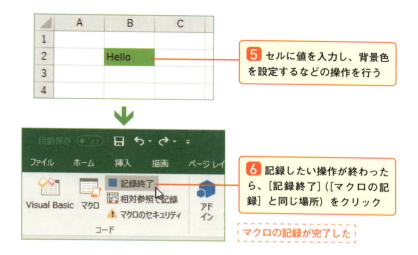

　[マクロの記録]ボタンをクリックして、マクロ名を入力して[OK]ボタンをクリックすると、[マクロの記録]ボタンは、[記録終了]ボタンに変化します。この状態が、自動記録モードです。**自動記録モード中に行った操作は、逐一プログラムとして記録されます**。特に時間制限はないので、ゆっくりと、1つ1つの操作を行えばいいのです。

　記録したい操作が終わったら、[記録終了]ボタンをクリックしましょう。これでマクロの記録は完了です。「はじめてのマクロ」が作成されました。

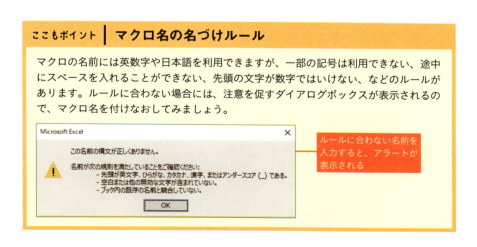

マクロの記録

004 記録したマクロを実行する

　記録・作成したマクロを実行するには、[マクロ]ダイアログボックスを利用します。マクロは複数のものを記録可能で、実行時はこのダイアログボックスからマクロを選択します。

 マクロを実行する

　P.16で記録した「はじめてのマクロ」を実行してみましょう。

図1：マクロの実行

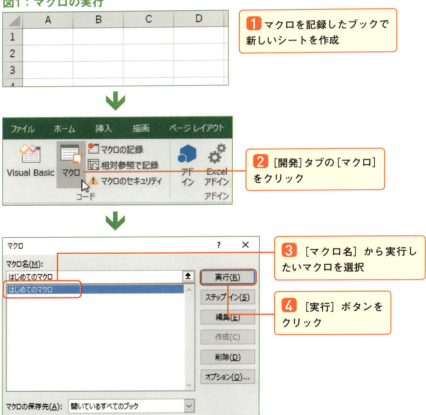

	A	B	C	D
1				
2		Hello		
3				
4				

マクロが実行され、記録した操作が再現された

　［開発］タブの［マクロ］ボタンをクリックすると、［マクロ］ダイアログボックスが表示されます。このダイアログボックスのリストの中から、実行したいマクロを選択し、［実行］ボタンをクリックすると、記録しておいた一連の処理が一瞬で再現されます。

　これから作っていくマクロも同じように実行します。だからこそ、**間違ったマクロを選ばないように、記録時に付ける名前が重要になる**のですね。

ここもポイント｜マクロの実行はシート上に配置した図形やボタンにも登録可能

シート上に配置した図形（［挿入］-［図形］などから配置）や、ボタン（［開発］-［挿入］-［フォームコントロール］などから配置）に、マクロを登録することもできます。

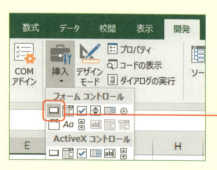

シート上にボタンを配置し、そのボタンにマクロを登録することも可能

特にボタンは、シート上に配置した際に、どのマクロを登録するかを問い合わせるダイアログボックスが表示されるため、登録が楽です（修正する場合は右クリックメニューから修正）。

ボタンを押すだけでマクロを実行できるようになり、見た目やクリック時の動きも、とても「それっぽく」なります。

なお、ボタンは［フォームコントロール］と［ActiveX］の2種類が用意されていますが、［フォームコントロール］のほうを配置しましょう。

マクロの記録

005 相対参照で マクロを記録する

相対参照を上手に使おう

　セルB2を選択した状態で記録を開始し、セルB3に値を入力する——こうした操作を記録したマクロを作るとしましょう。通常の記録方式では、「**セルB3を選択し、値を入力する**」という解釈でマクロが記録されます。これを「**絶対参照**」といいます。

　それに対し、記録を開始した場所からの相対的な位置関係として操作を記録する「**相対参照形式**」という記録方法も用意されています。相対参照で記録した場合は、「**開始時に選択しているセルから1つ下のセルを選択し、値を入力する**」というかたちでマクロが記録されます。すなわち相対参照で記録したマクロは、実行時のアクティブセルから1つ下のセルに値を入力するマクロとなります。

図1：通常の記録と相対参照の違い

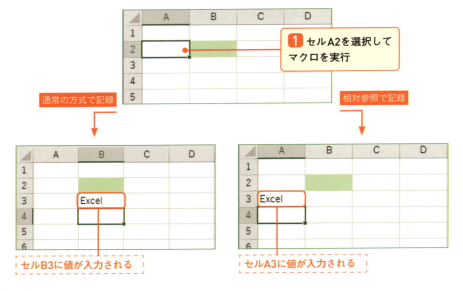

相対参照で記録を行う方法

相対参照形式で記録を行うには、[マクロの記録]ボタンをクリックして記録を開始する前に、その下にある、**[相対参照で記録]ボタンをクリックしてオンの状態（網掛けがかかっている状態 [相対参照で記録] ）にします**。この状態で記録されたマクロは、相対参照で記録されます。

[相対参照で記録]ボタン

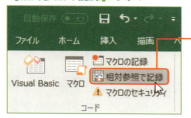

このボタンをオンにして記録を開始する

ボタンをもう一度クリックしてオフの状態にすると、相対参照での記録は解除されます。

相対参照と相性のいいショートカットキー操作

相対参照で記録を行う際には、Ctrl＋矢印キーによる「端のセルに移動」操作や、Ctrl＋Shift＋*キーによる「アクティブセル領域の選択」操作が効果的です。これらの操作を記録すると、そのマクロは「マクロ実行時に選択しているセルの右端」や、「マクロ実行時に選択しているセルを含むデータ入力範囲」を操作できるマクロになります。

相対参照と相性のいいキーボードショートカット

ショートカット	説明
Ctrl＋→ など	現在のセルから、矢印キーの方向の「端のセル」を選択
Ctrl＋Shift＋→ など	現在のセルから、矢印キーの方向の「端のセル」までをまとめて選択
Ctrl＋Shift＋*	現在のセルを基準に、「アクティブセル領域（一連のデータが入力されているセル範囲）」を選択

> **ここもポイント｜相対参照で記録中に絶対参照での選択を行いたい場合には**
>
> 下のセルの値をセルA1にコピーしたい」など、相対参照と絶対参照を組み合わせて記録したい場合には、相対参照で記録を開始し、下のセルをコピーします。ここで[相対参照で記録]ボタンをクリックし、相対参照で記録モードを途中で解除してセルA1を選択してペーストします。もしくは、ブック左上にある[名前ボックス]に「A1」と入力してセルA1に移動し、ペーストするという操作を行ってもOKです。

マクロの記録

006 マクロを含む ブックを保存する

　マクロを含むブックを保存する場合には、通常のブック形式（*.xlsx形式）とは異なる、「マクロ有効ブック形式（*.xlsm形式）」で保存する必要があります。

xlsm形式で保存しよう

　マクロを含むブックは、セキュリティの観点から、「このブックはマクロを含んでいますよ」とわかりやすくするために、通常のExcelブックとは異なる形式で保存する必要があります。このブックの形式を「**マクロ有効ブック形式（*.xlsm）形式**」と呼びます。

　マクロ有効ブック形式でブックを保存するには、［ファイル］-［名前を付けて保存］をクリックしたときに、ファイル形式を指定するドロップダウンリストから、「Excel マクロ有効ブック（*.xlsm）」を選択して保存します。

図1：マクロを含むブックは「*.xlsm」形式で保存する

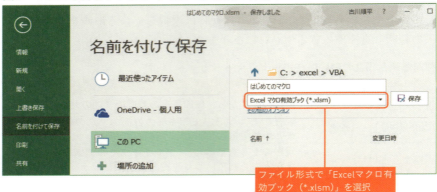

ファイル形式で「Excelマクロ有効ブック（*.xlsm）」を選択

ここもポイント｜古いバージョンのブック(*.xls)形式は マクロを含む場合も同じ形式

Excel 2003以前のバージョンの場合には、通常ブックの場合も、マクロを含むブックの場合も、拡張子は同じ「*.xls」の1種類のみです。

マクロ有効ブックはアイコンや拡張子が変化する

　マクロ有効ブック形式で保存したブックのアイコンは、通常のExcelブック形式とは少し異なり、「！」マークが付いた状態となります。ひと目で「マクロを含んでいますよ」ということがわかりやすくなっていますね。

図2：マクロを含むブックと通常のブックのアイコン

　また、拡張子を表示する設定にしている場合には、拡張子が異なることにも気付くでしょう。**通常のブックが「*.xlsx」**であるのに対し、**マクロ有効ブック形式は「*.xlsm」**と末尾が「x」から「m」に変わっています。

　この仕組みのため、既存のブックにマクロを作成した場合、そのまま上書き保存はできません。あらためて、マクロ有効ブック形式で別のブックとして保存しなおす必要がある点に注意しましょう。

　ちなみに、マクロが含まれているブックを「Excelブック（*.xlsx）」形式で保存すると、**そのブックに作成していたマクロはすべて削除されてしまいます**。保存前には、マクロが削除されるが問題ないか確認する警告も表示されます。警告が表示されたときは、本当にこのまま保存していいのか、よく確認しましょう。

図3：マクロの削除を確認するアラート

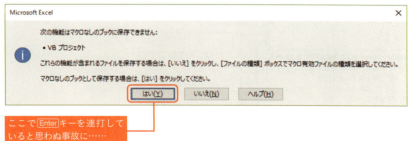

VBEの基本的な使い方

007 VBEでマクロの内容を確認・編集する

　記録・作成したマクロの内容を確認・編集するには、「VBE（Visual Basic Editor）」という専用の画面に切り替えて作業を行います。

◼ VBEでマクロの中身を見てみよう

　Excelには、自動記録を行って作成したマクロがどのようなプログラムになっているかを確認したり、編集したりするためのマクロ専用の画面が用意されています。それが、「**VBE（Visual Basic Editor）**」です。

　VBEを表示するには、リボンの［開発］タブの左端にある［Visual Basic］ボタンをクリックします。また、VBEの画面から、元のExcelの画面へと戻るには、VBEの［×］ボタンをクリックして画面を閉じるか、VBEのツールバーの左端にある、［表示 Microsoft Excel］ボタン🗙をクリックします。

　P.16で作成した「はじめてのマクロ」がVBEに表示されているのが確認できますね。

図1：VBEに表示を切り替える［Visual Basic］ボタン

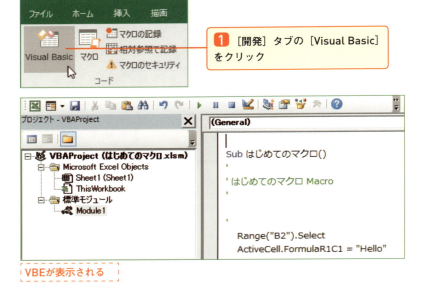

VBEの4つの主要ウィンドウ

　VBEは、4つのウィンドウに別れています。このうち、主に利用するのはプログラムの記述してある「モジュール」を選択する**プロジェクトエクスプローラー**と、内容の表示・編集を行う**コードウィンドウ**です。

　自動記録によって作成されたマクロの内容を確認するには、プロジェクトエクスプローラーから「Module1」などのモジュール名をダブルクリックします。すると、コードウィンドウにマクロの内容が表示されます。

図2：VBEの4つの主要ウィンドウ

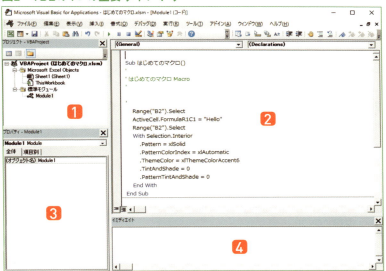

名称	用途
1 プロジェクトエクスプローラー	ブック内の構成要素を確認・選択
2 コードウィンドウ	マクロの内容を確認・編集
3 プロパティウィンドウ	ブックなどの設定を確認・編集
4 イミディエイトウィンドウ	ちょっとしたテストや確認用の出力を行う

> **ここもポイント │ VBEとExcelの画面の切り替えは Alt + F11 キーで**
>
> Alt + F11 のショートカットキーを利用すると、押すたびにExcelとVBEの画面が切り替わります。覚えておくと便利なショートカットキーですね。

VBEの基本的な使い方

008 VBEから直接マクロを実行する

　VBEでは、作成中のマクロをその場で実行することもできます。マクロの編集結果をすばやく確認したい場合には、Excelの画面に戻らずに直接VBEで実行したほうが便利です。

マクロ作成時はVBEから実行したほうが便利

　通常、マクロを実行するには、P.18の手順のように、Excelの画面で［マクロ］ダイアログボックスを表示して実行します。しかし、VBEを表示している場合には、VBEで実行したいマクロを選択し、直接実行することも可能です。

　特に、**プログラムを作成しながらマクロの結果や途中経過を確認したい場合には、VBEから直接実行したほうが便利**です。

図1：VBEから直接マクロを実行する手順

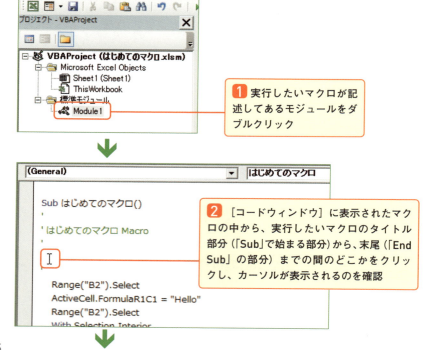

① 実行したいマクロが記述してあるモジュールをダブルクリック

② ［コードウィンドウ］に表示されたマクロの中から、実行したいマクロのタイトル部分（「Sub」で始まる部分）から、末尾（「End Sub」の部分）までの間のどこかをクリックし、カーソルが表示されるのを確認

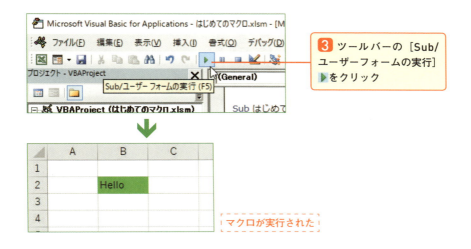

3 ツールバーの［Sub/ユーザーフォームの実行］▶をクリック

マクロが実行された

■「標準モジュール」とは

自動記録されたマクロは、「**標準モジュール**」に記録されます。「標準モジュール」は、Excelのブックでいうところのワークシートのようなもので、マクロを記述・編集する場所です。「シートを追加して値を入力する」という作業と同じように、「標準モジュールを追加してプログラムを入力する」といった感覚で扱います。

図2：標準モジュール

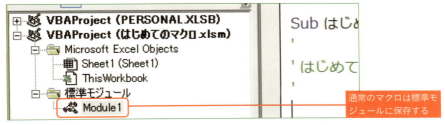

通常のマクロは標準モジュールに保存する

なぜ"標準"モジュールかというと、モジュールにはほかにも「オブジェクトモジュール」「クラスモジュール」といった、用途の異なるものが用意されているためです。

オブジェクトモジュールはユーザー操作に応じたマクロを実行する「イベント処理」という仕組みを作成するために利用し、クラスモジュールは自作の「オブジェクト」を作成するのに利用します。

VBEの基本的な使い方

009 マクロを含む
ブックを開く

　マクロを含むブックを開こうとする場合、うっかり悪意のあるマクロが実行されないように、確認メッセージが表示されます。

📗 最初はマクロが無効化される

　マクロを含んだブックをはじめて開くと、下図のような確認メッセージが表示されます。これは、うっかり悪意のあるマクロを含んだブックを開いてしまっても、マクロが実行されないように、一時的にマクロの実行制限を行っているのです。

　自分で作成したブックや、出どころが確かな安全なブックの場合には、**[コンテンツの有効化]ボタンをクリック**すると、マクロが利用できるようになります。

図1：確認メッセージの表示

1 ダブルクリックして、マクロを含むブックを開く

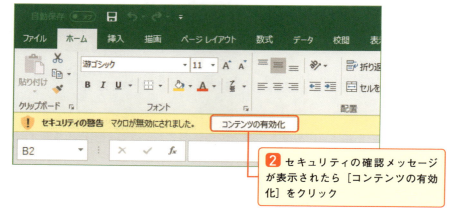

2 セキュリティの確認メッセージが表示されたら[コンテンツの有効化]をクリック

インターネットからダウンロードしたファイルの場合

インターネットからダウンロードしたサンプルファイルなどを開こうとする場合には、もう一段階のセキュリティ制限がかかっている場合があります。

この制限は、Excelの画面ではなく、[ファイルのプロパティ]ダイアログボックスから解除します。Webブラウザでダウンロードしたブックを右クリックし、[プロパティ]をクリックします。[ファイルのプロパティ]ダイアログボックスが表示されるので、**[全般]タブの[ブロックの解除]にチェックマークを付けて、[OK]ボタンをクリック**します。

図2：ダウンロードしたファイルのセキュリティの解除

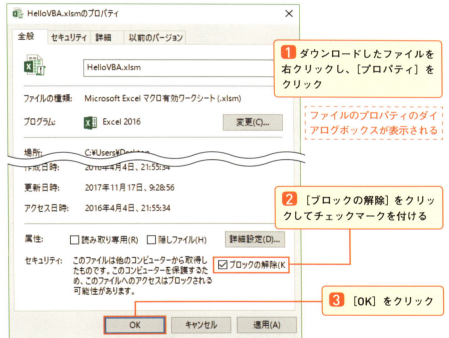

1. ダウンロードしたファイルを右クリックし、[プロパティ]をクリック

   ファイルのプロパティのダイアログボックスが表示される

2. [ブロックの解除]をクリックしてチェックマークを付ける

3. [OK]をクリック

ここもポイント｜詳しいダイアログが表示される場合も

ブックの内容やExcelのバージョン、セキュリティの設定によっては、セキュリティの確認メッセージが表示されるだけではなく、専用のダイアログボックスが表示される場合もあります。この場合でも、信頼できるブックの場合には、[確認]ボタンをクリックすることで、ブック内のマクロを利用できるようになります。

VBEの基本的な使い方

010 マクロの内容を1行1行確かめる

　自動記録したマクロの内容を1行1行確かめてみると、どのようにプログラムを記述すれば目的の動作を実行できるかを学習するのに役立ちます。

最初はマクロが無効化される

　マクロには基本的に1行に1つの命令が書かれています。そのため、自動記録機能などで作成されたプログラムの内容を1行1行実行していくと、各行に記述されたプログラムが、どのようにExcelを操作しているのかがわかりやすくなります。この仕組みを「**ステップ実行**」と呼びます。ステップ実行を利用すると、「まずは目的の操作を自動記録し、その内容を確認していく」というスタイルで、自分が作成したい処理の、具体的な書き方を調べることができます。

図1：マクロの内容を1行ずつ実行する

```
⇨  Sub はじめてのマクロ()
   '
   ' はじめてのマクロ Macro
   '
   
       Range("B2").Select
       ActiveCell.FormulaR1C1 = "Hello"
       Range("B2").Select
```

> マクロのタイトル部分が黄色くハイライトされ、実行待機状態になる

```
   Sub はじめてのマクロ()
   '
   ' はじめてのマクロ Macro
   '
   
⇨ |   Range("B2").Select
       ActiveCell.FormulaR1C1 = "Hello"
       Range("B2").Select
```

3 F8キーを押すたびに、1行ずつハイライトの位置が移動し、その行のプログラムの内容が実行される

ヒント

```
       Range("B2").Select
⇨ |   ActiveCell.FormulaR1C1 = "Hello"
       Range("B2").Select
       With Selection.Interior
```

メニューバーから[デバッグ]-[ステップイン]をクリックすることでも、1行ずつプログラムを実行できます。

ステップ実行の途中で、Alt + F11 キーを押してExcelの画面に切り替えると、すぐに実行結果を確認できます。F8 → Alt + F11 → F8とキーを押して、ステップ実行と結果の確認を交互に行いながらマクロの内容を確認していきましょう。

ここもポイント | ExcelとVBEの画面を並べて表示しておくとさらに便利

ステップ実行を行う際には、ExcelとVBE画面のウィンドウサイズを調整し、横に並べて配置して実行するのがおすすめです。F8キーを押すたびに、すぐに隣のExcelの画面で変化を確認できるので、プログラムと結果の因果関係を捉えやすくなります。
モニタが2台ある人は、デュアルモニタにしておいて、片方にExcelの画面、もう片方にVBEの画面を表示してステップ実行するといいでしょう。

VBEの基本的な使い方

011 | マクロの実行を中断する

マクロを開発していると、考えていたところと違うところが処理される、延々と処理が終わらないなど、想定と異なる処理がしばしば起こります。こうしたときは、いったんマクロの実行を中断しましょう。

マクロのエラーが起きたときはリセットする

ステップ実行中のマクロや、エラーメッセージが表示された場合など、マクロの一部が黄色くハイライト表示され、実行停止状態になったときにマクロの実行を中断するには、ツールバーの**[リセット]ボタン**をクリックします。

図1：[リセット]ボタンでマクロの実行を中断

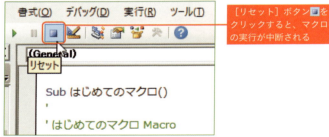

[リセット]ボタン■をクリックすると、マクロの実行が中断される

なお、マクロは1行1行、上から順番に実行されます。そのため、[リセット]ボタンをクリックしてマクロを中断した場合でも、その場所より上の行に記述されたプログラムは、すでに実行されているので注意しましょう。

ここもポイント | **[デバッグ]ツールバーを利用しよう**

メニューバーで[表示]-[ツールバー]-[デバッグ]をクリックすると、[デバッグ]ツールバーが表示されます。このツールバーには、マクロの実行・中断・ステップ実行など、マクロの実行と編集に便利な機能がまとめられています。

"操作はマウス派"の人は、[デバッグ]ツールバーを表示しておくと便利ですよ

Chapter 2

必ず知っておきたい マクロの基本ルール

マクロの基本文法

012 マクロは「モジュール」に記述する

図1：標準モジュールに記述されたマクロ

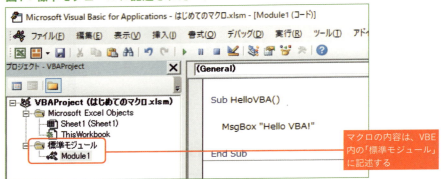

「モジュール」がマクロを記述する場所

　ここからは、イチからマクロを書いていきましょう。まずマクロの本体となるプログラムは、これまで見てきたように「**モジュール**」と呼ばれる場所へと記述します。VBEの左上には、ブック内のモジュールを管理する**プロジェクトエクスプローラー**があり、ここでブック内にいくつのモジュールがあるのかを確認できます。

　また、新規にマクロを作成する場合には、「**標準モジュール**」というモジュールを追加します。このモジュールの追加・削除の作業もプロジェクトエクスプローラー上で行えます。

　標準モジュールを追加するには、VBEのメニューバーから［挿入］-［標準モジュール］を選択します。すると、プロジェクトエクスプローラーの「標準モジュール」フォルダー内に新規のモジュールが追加されます。

　余分な標準モジュールを削除するには、削除したい標準モジュールをプロジェクトエクスプローラー内で右クリックし、［（モジュール名）の解放］を選択します。すると、「エクスポートしますか？」というメッセージが表示されますが、［いいえ］を選択しましょう。すると、指定モジュールが削除されます。

新しい標準モジュールを追加する

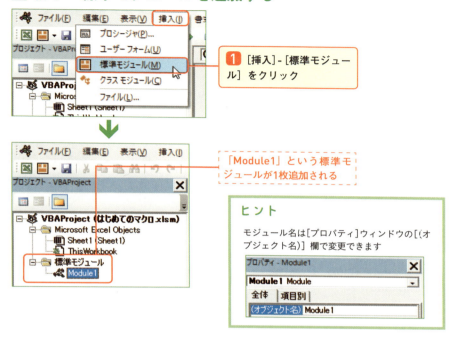

標準モジュールを解放(削除)する

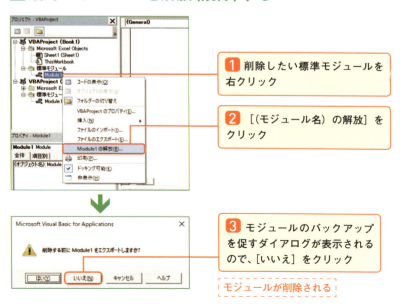

マクロの基本文法

013 1つのマクロは3つの要素で構成されている

■ マクロは「Sub」で始まり「End Sub」で終わる

　標準モジュール内には複数のマクロを記述できます。「**Sub**」で始まり、「**End Sub**」で終わる間に記述されたプログラムが、1つのマクロとして管理されています。このとき、「Sub」の後ろに1つ半角スペースを空け、続けて記述された文字列がマクロ名です。

「Sub」から「End Sub」までが1つのマクロ

```
01  Sub セルに値を入力()
02      'セルA1とA2に値を入力
03      Range("A1").Value = "マクロから入力"
04      Range("A2").Value = "Excel VBA"
05  End Sub
06
07  Sub セルから値を削除()
08      'セルA1とA2に値を入力
09      Range("A1").Clear
10      Range("A2").Clear
11  End Sub
```

03〜04: 1つのマクロ
09〜10: 1つのマクロ

　また、マクロ内の「Sub」から「End Sub」で終わるまでの間には、実行する内容を記述した文字である「**コード**」と、特にプログラムの実行結果には関係ないメモ書きの「**コメント**」を記述できます。

　ちなみに、マクロ名に使用できるのは、英数字・漢字・ひらがな・カタカナ、そして「_（アンダーバー）」です。「%」や「#」などの記号や、マクロ名の途中にスペースを入れることはできません。また、数字とアンダーバーは、マクロ名の先頭には使用できません。

マクロの3つの構成内容

1つのマクロは、以下の3つの要素で構成されています。

表1：マクロ名・コード・コメント

要素	説明
マクロ名	マクロのタイトル。 マクロを実行する、[マクロ]ダイアログに表示される名前。基本的に好きな名前を付けられるが、記号が使えず、数字からは始められないなどの制限がある。
コード	マクロの内容を記述したテキスト。 基本的に1行で1つの命令となり、複数行のコードが記述されている場合には、上から順番にその内容が実行されていく。1つのマクロのコードとして実行される範囲は、「Sub」から「End Sub」までの間に記述されたコードとなる。
コメント	マクロ中に記述できるメモ書き。 「'(アポストロフィー)」から始まり、改行するまでの範囲に記述されたテキスト。マクロの実行内容にはまったく影響を与えず、マクロの内容や開発中に気になっている点のメモ書きなどに利用できる部分。

マクロを構成する3要素

```
01  Sub セルに値を入力()                          ← マクロ名
02      'セルA1とA2に値を入力                      ← コメント
03      Range("A1").Value = "マクロから入力"
04      Range("A2").Value = "Excel VBA"         ← コード
05  End Sub
```

ここもポイント ｜ コメントを入力する際には「'」から始める

マクロ中にコメントを入力するには、Shift＋7で入力できる「'（アポストロフィー）」を入力します。このコメントは、1行全体をコメントとするほかにも、コードの途中でアポストロフィーを入力し、以降から行の最後までの範囲をコメントとすることもできます。コメント部分は、緑色の文字で表示され、通常のコード部分とは区別されます。ちなみに、本書ではマクロの内容のことを「コード」と呼んでいますが、そのほかにも「ステートメント」という呼び方もあります。「コード」はテキスト全般を指しますが、「ステートメント」は、ひとかたまりの単位のコードというニュアンスの違いがありますが、どちらも「マクロの内容を記述している文字部分」くらいの感覚で理解しておけばOKです。

マクロの基本文法

014 | 自作マクロをイチから作ってみよう

図1：自作のマクロを実行する

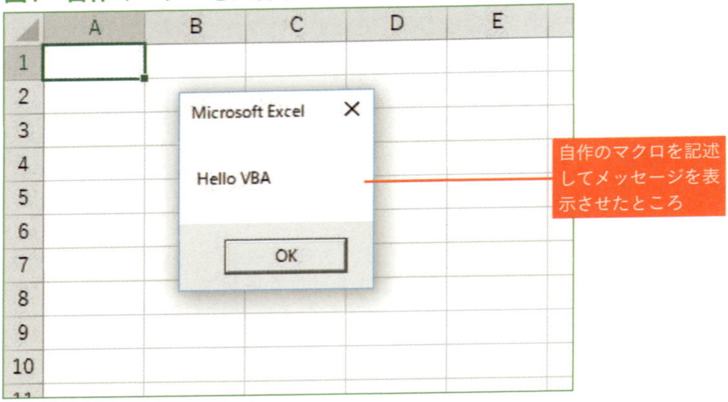

自作のマクロを記述してメッセージを表示させたところ

イチからマクロを自分で記述する際の手順

　マクロは自動記録で作成したものを編集するだけでなく、イチから自分で作成することも可能です。

　自作する際にはまず、「Sub」に続けて1つ半角スペースを空け、好きなマクロ名を入力してEnterキーを押します。すると、**マクロ名の後ろに自動的に「()」が入力され、さらに、下の行に「End Sub」と入力されます**。これがマクロのひな形になります。あとは、「Sub」から「End Sub」の間の行に、マクロとして実行したい処理の内容となるコードを記述していけばOKです。

　1つのマクロで実行されるコードは、「Sub」から「End Sub」までの間に記述されたコードですが、このコードを入力する際には、**行頭でTabキーを押して、インデント（字下げ）をしておくと、どこからどこまでが1つのマクロの内容なのかがわかりやすくなります**。なお、字下げはしてもしなくてもプログラムの結果には影響を与えません。

　自作のマクロは、[マクロの記録] 機能で記録したマクロと同様に、[マクロ] ダイアログボックスから実行できます。作り終わったらぜひ一度実行してみましょう。

マクロを記述してみよう

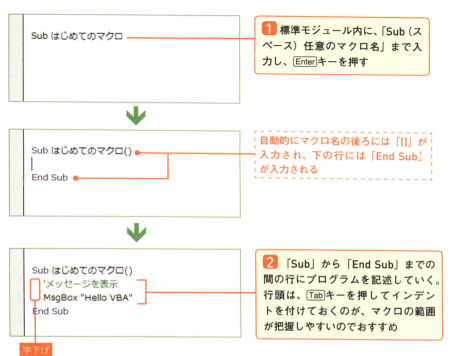

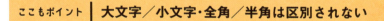

ここもポイント ｜ 大文字／小文字・全角／半角は区別されない

VBAのコードでは、全角／半角や英字の大文字／小文字を区別しません。また、VBAに登録されている単語を入力した場合には、自動的に登録された形式（先頭は大文字で、以降は小文字。単語の区切りがある場合は、その部分も大文字）へと自動的に変換されます。例えば、メッセージを表示する「MsgBox」関数を利用する場合は、すべて小文字で「msgbox」と入力しても、自動的に「MsgBox」と変換されます。

図2：VBAのキーワードは自動で変換される

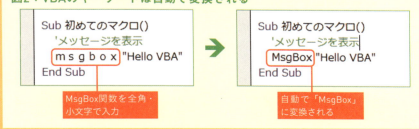

マクロの基本文法

015 モジュール内での数値・文字・日付の書き方

図1：コード内でのリテラル値の記述

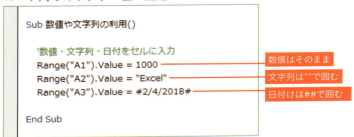

モジュール上で数値や文字列を記述するには

　標準モジュール内で数値や文字列を扱う場合には、ワークシート上で関数式を入力するのと同じルールで記述をします。つまり、**数値はそのまま「100」**のように入力し、**文字列は「"Excel"」のようにダブルクォーテーションで囲って入力**します。

　また、時間や時刻を表す日付値を扱う場合には、ちょっと特殊な記述方法をします。「2018年2月4日」**の日付値を扱いたい場合には「#2018/2/4#」**のように**「#（シャープ）」で囲った形**で入力します。このとき入力された日付は、VBE上では「#2/4/2018#」のように、「#月/日/年#」の順番での表記になるように自動変換されます。同じように、時間・時刻を扱いたい場合には、「#10:30#」のように、シャープで囲って入力します。

　なお、数値や文字列・日付などの"値そのもの"は、「**リテラル**」と呼ばれます。「**数値リテラル**」「**文字列リテラル**」「**日付リテラル**」などは、それぞれ、コード内にそのまま記述された値のことを指します。「リテラル」という言葉は特に、変数の仕組み（P.64）で管理された値と区別する際によく利用されます。

表1：3つの要素の記述方法

要素	説明
数値	数値をそのまま記述する。 「10」、「100」、「3.14」など。桁区切りの記号などは使用しない。
文字列	「""（ダブルクォーテーション）」で囲んで記述する。 「Excel」という文字を扱いたい場合には、「"Excel"」といった形で記述する。 複数の文字列を連結したい場合には、「&」で結ぶことも可能。「"Excel" & "VBA"」という記述は、「ExcelVBA」という値となる
日付・時刻	「##（シャープ）」で囲んで記述する。 「#2018/2/4#」は、2014年2月8日を表すシリアル値として扱われる。 なお、入力された日付値は、自動的に「#月/日/年#」の形式に変換される。

日付は「シリアル値」として管理される

　シャープで囲って入力した日付や時刻の値は、**シリアル値**として扱われます。VBAでのシリアル値は、1899年12月30日を「0」とし、以降1日経過するごとに「1」ずつ増加する値です。

　つまり、日付を扱うシリアル値の世界では、**「1」**は**「1899年12月31日」**。「1.5」は、「1899年12月31日　12時00分」となります。逆に考えると、「2018年1月1日」は、シリアル値では「43101」です。PCの内部的には、日付値はこのような数値として管理・計算しているのですが、「43101」と急に言われても私たちにとってはわかりにくいですよね。そこで、入力の際には、「#」で囲って普段利用している日付の形式で入力すれば、あとはVBEのほうでシリアル値に自動変換してくれる仕組みになっている、というわけです。

　また、「1日を『1』で管理する」というシリアル値の仕組みを知っていると、ある日付の前日は、「1」だけ減算した日付であり、ある日付の次の日は、「1」だけ加算した日付であるなど、日付の計算に応用できます。つまり、「2018/1/1」の1週間後であれば、「#1/1/2018# + 7」で求められるわけですね。

> **ここもポイント｜ワークシートで扱うシリアル値**
>
> エクセルのワークシートでも、日付はVBAと同様にシリアル値として管理されています。基本的な考え方はVBAと同じですが、ワークシートの場合は「0」が1900年1月0日で、「1」が1900年1月1日となっており、VBAとは起点となる日付が異なっています。おもしろいですね。

マクロの基本文法

016 エラーが起きたときの対処方法

図1：エラー発生時にはメッセージが表示される

エラー発生時にはその内容を知らせるダイアログボックスが表示される。ここでの原因は、コードの途中でうっかり改行してしまったため

エラーの対象方法の基本は「止めてから直す」

　マクロを書いていると、エラーの内容を表示するダイアログボックスと頻繁に遭遇します。エラーの原因は、単純なスペルミスや余分な改行がうっかり挟まってしまった場合や、存在していない要素を扱おうとした場合など、さまざまです。エラーダイアログが表示された場合は、ダイアログをいったん消去しましょう。その上で、VBEがエラーの場所だと判断している箇所を修正していきます。

　エラー候補の箇所は、赤い文字や黄色いマーカーで強調表示されるので、すぐにどこが問題なのかを特定できます。指摘された部分を中心に、何かおかしい場所がないかを絞り込んでいきましょう。

　エラーに遭遇すると、「怖い」「触るのが嫌だ」というネガティブな気分になりますが、発想を転換して「間違った箇所を絞り込んでくれている」とポジティブに捉え、「止めて」「修正」という手順で落ち着いて修正していきましょう。

ここもポイント　｜　エラー処理の強い味方、アンドゥ機能

うっかり Enter キーを押してしまったり、意図していないキーを押してしまったりしてエラーになった場合には、Ctrl+Z キーを押して、アンドゥ機能を実行しましょう。アンドゥ機能により1操作分前の状態へと戻り、エラーが出る前の「元の状態」へと簡単に戻すことができます。

よく遭遇するエラーダイアログと対処方法

マクロを書く上でよく遭遇するエラーは、次の2つの種類があります。エラーを読むことで、プログラムのどこでどんな間違いをしているのかが簡単に把握できます。

図2：タイプミスなどの際に表示されるエラーダイアログ

ヒント

コンパイルエラーなど
コード記述時に表示されるエラー
スペルミスなどをした際に表示されるエラー。[OK] ボタンをクリックしてダイアログを消去し、赤く表示されている箇所を修正する。

図3：実行時エラー

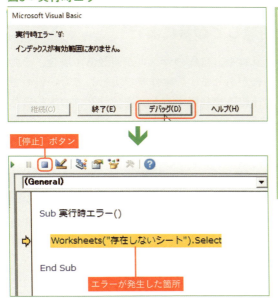

ヒント

実行時エラーなど
マクロ実行中に表示されるエラー
原因はさまざま。いったん [デバッグ] ボタンをクリックしてダイアログを消去すると、コード中のエラーが発生した箇所が黄色くハイライトされ、実行待機状態となる。
この状態からツールバーの [■（停止）] ボタンをクリックし、実行待機状態を解除してから修正を行う。

ここもポイント | **実行時エラーは、エラー発生箇所以前のコードは実行済み**

実行時エラーがマクロ中の任意の行で発生した場合、それ以前に記述されていたコード部分はすでに実行されています。再実行する場合には、その部分で実行済みの処理部分を手作業で元に戻してから実行するなどの対処を行いましょう。

マクロの基本文法

017 いくつかのマクロを まとめて実行する

図1：Callステートメントを使った複数マクロの実行

小さなマクロを複数用意して順番に実行

　マクロの記録機能で作ったマクロや、自作のマクロが複数ある場合、そのいくつかを順番に実行したい場合があります。手作業で実行してもいいのですが、「**Callステートメント**」の仕組みを利用すると、複数マクロの実行自体を自動化できます。

　方法は簡単で、マクロをまとめて呼び出す用のマクロを1つ作成し、その中で、「**Call マクロ名**」と記述するだけです。このステートメントを、実行したいマクロのぶんだけ、実行したい順番に記述します。

　あとは、Callステートメントを記述したマクロを実行すれば、Callステートメントを記述した順番に、指定したマクロが実行されます。特に、本書のテーマである小さなマクロをたくさん用意した場合には、複数のマクロを組み合わせて利用できるので、知っておくと便利なテクニックですね。

　なお、Callステートメントに関してのより詳しい説明は、P.298やP.302でも触れているので、興味のある人はあわせてご覧ください。

作ってみよう

次のように、セルA1に「Excel」と入力するマクロ「マクロA」と、セルB2に「VBA」と入力するマクロ、「マクロB」が作成済みとします。

```
01  Sub マクロA()
02      Range("A1").Value = "Excel"
03  End Sub
04
05  Sub マクロB()
06      Range("A2").Value = "VBA"
07  End Sub
```

このとき、次のようにCallステートメントを利用したマクロを作成し、実行すると、「マクロA」→「マクロB」の順番で2つのマクロが実行されます。

```
09  Sub マクロをまとめて実行()
10      Call マクロA
11      Call マクロB
12  End Sub
```

指定したマクロを実行する

図2：マクロの実行結果

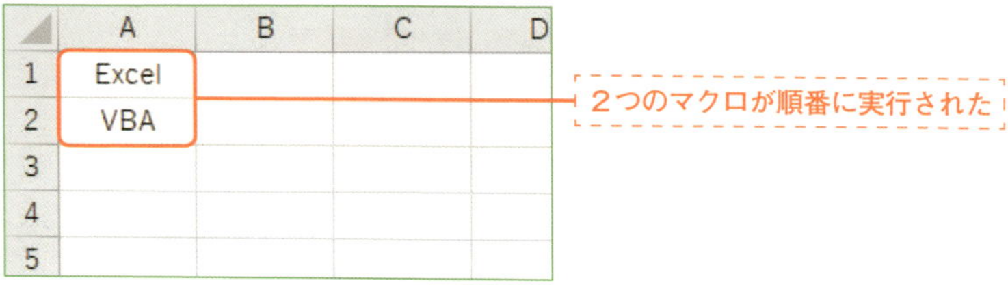

	A	B	C	D
1	Excel			
2	VBA			
3				
4				
5				

2つのマクロが順番に実行された

ここもポイント　マクロ名を記述しただけでも実行可能

実はVBAでは、「Call マクロ名」と記述しなくても、単に「マクロ名」と記述しただけでもほかのマクロを実行可能です。しかし、あとから見返したときの可読性の観点からは、Callステートメントを利用したほうが、「ああ、ほかのマクロを呼び出しているんだな」とわかりやすくなりますね。できるだけCallステートメントを利用して呼び出すようにしておきましょう。

```
09  Sub マクロをまとめて実行()
10      マクロA
11      マクロB
12  End Sub
```

「Call」がなくてもマクロが実行できる

オブジェクトと命令

018 命令は「オブジェクト」の仕組みを使って指定する

図1：Excelの各機能はいろいろな「オブジェクト」にまとめられている

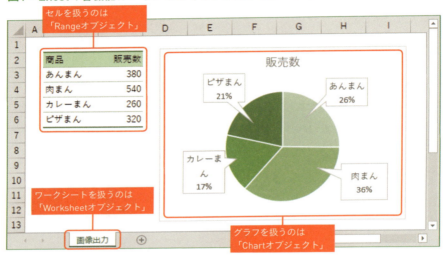

命令を行う対象を指定するには、「オブジェクト」を指定する

　VBAで命令を行う際には、多くの場合、「**①操作する対象を指定して**」「**②操作の種類を指定する**」という2段階の手順でコードを記述します。この2段階の手順を整理して記述できるように、「**オブジェクト**」という仕組みが用意されています。

　例えば、セルを操作したい場合には「**Rangeオブジェクト**」、ワークシートを操作したい場合には「**Worksheetオブジェクト**」、ブックを操作したい場合には「**Workbookオブジェクト**」を利用します。

　各オブジェクトには、その対象に対して行える設定（プロパティ→P.50）や命令（メソッド→P.52）がまとめられており、オブジェクトを指定後に希望の設定や命令の種類を指定していきます。

　つまり、VBAで命令を行うには、まず、「操作したい対象は何オブジェクトなのか」を指定し、さらに「実行したい設定・命令は何プロパティあるいは何メソッドなのか」を指定するという形で記述していくわけですね。

よく使うオブジェクトの例

表1：よく利用するオブジェクトの例

扱う対象	オブジェクト	指定例
セル	Range	セルA1を指定 Range("A1")
ワークシート	Worksheet	「Sheet1」を指定 Worksheets("Sheet1")
ブック	Workbook	「Book1.xlsx」を指定 Workbooks("Book1.xlsx")

オブジェクトの仕組みを使った設定変更の例（値を入力）

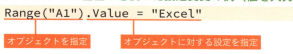

図2：設定の変更

オブジェクトの仕組みを使った命令実行の例（シートを削除）

図3：命令の実行

> **ここもポイント** | **オブジェクトの中にオブジェクトがある場合も**
>
> オブジェクトの中にはセルの背景色やフォントサイズのように、"あるオブジェクトの中にあるオブジェクト" というかたちで指定するものもあります。詳細はP.60の「オブジェクトは階層構造を使って指定する」を参照してください。

VBAの基礎知識

019 オブジェクトの指定に便利な「コレクション」

図1：具体的なオブジェクトを指定するにはコレクション経由で指定する

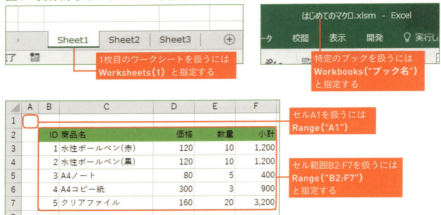

具体的なオブジェクトは「コレクション」経由で指定する

　VBAで命令を行う際に、具体的にどのオブジェクトを命令対象として指定するのかは、「コレクション」の仕組みを利用するのが便利です。コレクションは、同じ種類のオブジェクトをまとめて管理する仕組みであり、「オブジェクト名+複数形の"s"」という名前で定義されています。

　ワークシート全体であれば、「Worksheetsコレクション」、ブック全体であれば、「Workbooksコレクション」です。このコレクション名に続いて括弧「( )」を記述し、その中にインデックス番号やオブジェクト名を指定すると、具体的なオブジェクトを指定できます。「1枚目のワークシート」であれば、「Worksheets(1)」、「2つ目に開いたブック」であれば、「Workbooks(2)」といった具合です。

　セルの場合は少し特殊で、コレクションの仕組みはありません。もともと「Rangeオブジェクト」は、その名のとおり、セル"範囲（Range）"を扱う仕組みとなっているので、そのまま「Range」に続けて括弧を記述し、その中にセルやセル範囲を指定するアドレス文字列を指定します。

表1：よく利用するコレクションの例

扱う対象	コレクションなど	指定例
ワークシート	Worksheets	「1枚目のワークシート」を指定 Worksheets(1) 「Sheet1」を指定 Worksheets("Sheet1")
ブック	Workbooks	「最初に開いたブック」を指定 Workbooks(1) 「Book1.xlsx」を指定 Workbooks("Book1.xlsx")
セル	Range	セルA1を指定 Range("A1") セル範囲A1:C10を指定 Range("A1:C10")

番号は基本的に「追加した順番」「並び順」で決まる

　コレクション内のインデックス番号は、基本的には**「追加順」「並び順」**によって決まります。ワークシートであれば、**いちばん左のシート**がインデックス番号「1」となり、以降、右にあるシートへと連番が振られます。ブックの場合は、**最初に開いたブック**がインデックス番号「1」であり、以降、連番が振られます。

　なお、シートのように並び順を変更できるオブジェクトは、それに応じてコレクション内のインデックス番号も新たに「いちばん左が『1』」というようなルールで振りなおされます。

ここもポイント｜正確には「コレクションを取得するプロパティ」という仕組み

「Worksheets(1)」というコードは、正確にいうと「Worksheetsコレクションを取得するためのWorksheetsプロパティを利用したコード」となります。そのため、解説書によっては、「Worksheetsプロパティを利用したオブジェクトの指定」というような解説をしている場合もあります。
少々混乱する仕組みですが、とりあえずは「コレクション名(インデックス番号/オブジェクト名)」で、具体的なオブジェクトを指定できる、というように覚えてください。

オブジェクトと命令

020 オブジェクトの状態を管理する「プロパティ」

図1：オブジェクトの状態は「プロパティ」で管理されている

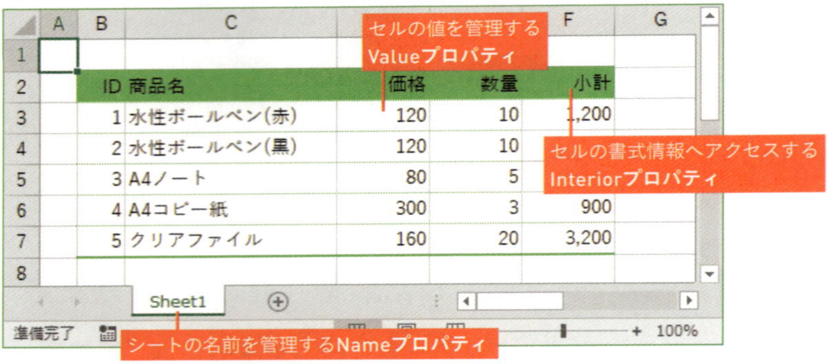

表内の注釈：
- セルの値を管理する **Value**プロパティ
- セルの書式情報へアクセスする **Interior**プロパティ
- シートの名前を管理するNameプロパティ

個別のオブジェクトの「状態」を取得/設定するプロパティ

　セルの値や書式、シートの名前など個別のオブジェクトごとに異なる「状態」や「設定」を取得したり、変更したりするには、**プロパティ**という仕組みを利用します。

　プロパティは、「**オブジェクト．（ドット）プロパティ名**」という形式でアクセスします。例えば、セルの「値」は、個別のセルごとに「Valueプロパティ」で管理されています。「セルA1」の「値」へアクセスするには、「Range("A1")」で個別のオブジェクトを指定した上で、ドットを入力し、続けてプロパティ名である「Value」を記述する形でコードを記述します。

セルA1の値を取り出す
```
Range("A1").Value
```

　また、値を設定/変更できる項目の場合は、プロパティ名に続けて、さらに、「=値」と記述します。例えば、セルA1の値を「Excel」に変更するには、次のようにコードを記述します。

セルA1の値を入れる
```
Range("A1").Value = "Excel"
```

Rangeオブジェクトのプロパティの例

　オブジェクトのプロパティを操作する書き方は以下の2種類し（か あ り ま せ）ん。あとは、扱うオブジェクトとプロパティの組み合わせが変わるだけです。ここではもっともよく使うRangeオブジェクトを例に、いくつかプロパティを見てみましょう。

プロパティへアクセスする構文
オブジェクト.プロパティ

プロパティの値を変更する構文
オブジェクト.プロパティ ＝ 値

表1：Rangeオブジェクトに用意されているプロパティ（抜粋）

扱う対象	プロパティ	例
値	Value	セルA1の値を変更 Range("A1").Value = 100
幅	Width	セル範囲A1:A10の幅を取得 Range("A1:A10").Width
アドレス	Address	選択セル範囲のアドレスを取得 Selection.Address ※「Selection」は「選択範囲」を指定するキーワード
フォントを扱うオブジェクトへのアクセス	Font	セル範囲A1:A10のフォントを「MSゴシック」に変更 Range("A1").Font.Name = "ＭＳ　ゴシック"
書式を扱うオブジェクトへのアクセス	Interior	セルA1の背景色を赤に設定 Range("A1").Interior.Color = rgbRed

　プロパティの中には、「そのオブジェクトに関連する、別のオブジェクトへアクセスするためのプロパティ」も用意されています。例えば、Rangeオブジェクトの「Fontプロパティ」は、「そのセルのフォントを管理している"Fontオブジェクト"へアクセスする」プロパティです。
　アクセスしたFontオブジェクトには、「Nameプロパティ（フォント名を管理）」や「Sizeプロパティ（フォントサイズを管理）」などのプロパティが用意されており、続けて「.プロパティ名」と記述することで、さらに踏み込んだ設定を取得/変更することができます。

051

オブジェクトと命令

021 | オブジェクトの機能を実行する「メソッド」

図1：オブジェクトに対して行える命令は「メソッド」で管理されている

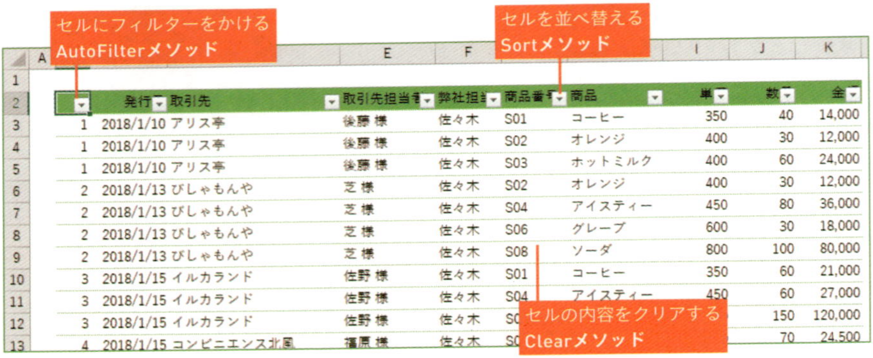

> セルにフィルターをかける
> AutoFilterメソッド

> セルを並べ替える
> Sortメソッド

> セルの内容をクリアする
> Clearメソッド

オブジェクトに命令を実行する「メソッド」

　セルに対してフィルターをかけたり、並べ替えを行ったり、値や書式をクリアしたりといった、個別のオブジェクトごとに異なる「機能の利用・操作」を行うには、「**メソッド**」という仕組みを利用します。

　メソッドは、「**オブジェクト.（ドット）メソッド名**」という形式で実行します。例えば、セルの「内容をクリアする」命令は、「Clearメソッド」で実行できます。「Range("A1")」で個別のオブジェクトを指定した上でドットを入力し、続けてメソッド名である「Clear」を記述します。

ClearメソッドでセルA1の内容をクリアする
```
Range("A1").Clear
```

　ちなみに、「書式は残したままで、値のみをクリアする」機能は、「**ClearContentsメソッド**」で実行できます。この場合には次のようにコードを記述します。

ClearContentsメソッドでセルA1の値だけクリアする
```
Range("A1").ClearContents
```

Rangeオブジェクトのメソッドの例

　Rangeオブジェクトを例に、どのようなメソッドが用意されているか見てみましょう。メソッドは次のように2つの書き方ができます。

　メソッドで呼び出す機能がオプションを持つ場合には、機能のオプションの種類を、メソッドの「**引数**」という仕組みを利用して指定できるようになっています（P.54）。

メソッドを実行する構文
```
オブジェクト.メソッド
```

引数（P.54）のあるメソッドを実行する構文
```
オブジェクト.メソッド 引数名:=引数
```

表1：Rangeオブジェクトに用意されているメソッド（一部抜粋）

実行する命令	メソッド	例
クリア	Clear	セルA1をクリア **Range("A1").Clear**
値のみクリア	ClearContents	セル範囲A1:A10の値のみクリア **Range("A1:A10").ClearContents**
コピー	Copy	セル範囲B10:D20をコピー **Range("B10:D20").Copy**
貼り付け	Paste	コピーしておいた内容を、セルA1を起点に貼り付け **Range("A1").Paste**
フィルター	AutoFilter	セルB2:K30に対してフィルター **Range("B2:K30").AutoFilter _ 　　Field:=5, Criteria1:="佐々木"**

　例えば、下記のコードでは、セル範囲B2:K30に対してフィルターをかける「AutoFilterメソッド」を利用して抽出を行います。抽出条件は引数の仕組みを利用して、「5」番目の列の値が「佐々木」であるデータのみを指定しています。

AutoFilterメソッドで引数を指定する書き方
```
Range("B2:K30").AutoFilter Field:=5, Criteria1:="佐々木"
```
　　　　　　　　　　　　メソッド　　　　　　　　　　　引数

オブジェクトと命令

022 機能のオプションを指定する「引数」

図1：各機能のオプション項目は「引数」で指定できる

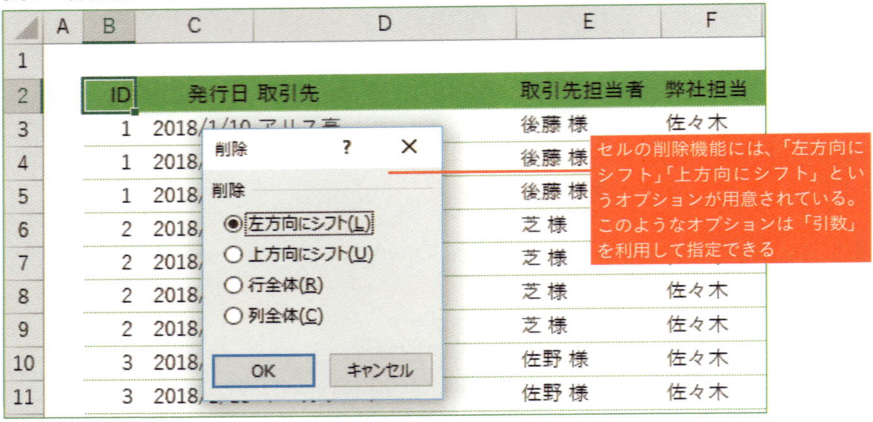

> セルの削除機能には、「左方向にシフト」「上方向にシフト」というオプションが用意されている。このようなオプションは「引数」を利用して指定できる

引数はオプション項目名と値をセットで指定する

　Excelの各種機能の多くには、細かな実行方法を指定するオプション項目が用意されています。例えば、セルの削除機能には、「セルを削除後に左に詰めるか、上に詰めるか」を指定できるオプションが用意されていますし、フィルター機能には、「何番目の列を、どのようなルールで抽出するのか」を指定できるオプションが用意されています。

　このオプション項目を指定するには、プロパティやメソッドを呼び出すときに与える、処理に必要な情報「**引数**」を利用します。引数を指定するには、メソッド名に続けてスペースを1つ入れ、その後ろに、「**引数名:=値**」という形式で、オプションの種類を指定する「**引数名**」と、オプションの設定値を指定する「**値**」を「**:=**（コロン・イコール）」でつないで記述します。

　例えば、セルA1を削除する際に「左方向にシフト」するオプションを指定して実行したい場合には、次のようにコードを記述します。

削除時に「左方向にシフト」を引数で設定
```
Range("A1").Delete Shift:= xlToLeft
```

引数名と、指定できる値は、各オプション項目で異なりますが、「引数名:=値」という指定方法は共通しています。また、多くの場合、引数を特に指定せずにメソッドを実行した場合には、既定の設定（特にオプションを指定せずに実行した場合の動作）で実行されます。

引数を利用できるメソッドの例

　Rangeオブジェクトを例に、引数を持つメソッドとその書き方をいくつか見てみましょう。

オプションのある機能を実行する構文
```
オブジェクト.メソッド 引数名:=引数
```

複数のオプションがある機能を実行する構文
```
オブジェクト.メソッド 引数名1:=値1, 引数名2:=値2 …
```

表1：引数を持つメソッド（一部抜粋）

機能	メソッド	引数	意味
削除	Delete	Shift	削除後のシフト方向
フィルター	AutoFilter	Field	抽出対象の行番号
		Criteria1	抽出条件となる値や式
		Operator	2つの条件式をAND条件とするかOR条件式とするかの設定
		Criteria1	2つ目の抽出条件
		VisibleDropDown	フィルター矢印を表示方法

セルA1を「左方向にシフト」オプションを指定して削除する
```
Range("A1").Delete Shift:=xlToLeft
```

セル範囲B2:K30に「5列目の値が"佐々木"」という条件でフィルターをかける
```
Range("B2:K30").AutoFilter Field:=5, Criteria1:="佐々木"
```

> **ここもポイント｜引数名を省略することも可能**
>
> 引数を指定する場合、決まった順序で値を列記することで、引数名を指定せずに値のみを指定することも可能です。例えば、「Range(B2:K30).AutoFilter 5, "佐々木"」は、「5列目の値が"佐々木"」というオプションでフィルターをかけることができます。
> この記述方法は楽ですが、「どのようなオプションを利用しているかがわかりにくい」というデメリットがあります。また、メソッドごとに決められた引数の順番をきちんと覚えておく必要もあります。できるだけ引数名を指定して記述することをおすすめします。

オブジェクトと命令

023 どのオプションを利用するかを指定する「定数」

図1：いくつかの候補から選ぶタイプのオプションには「定数」が用意されている

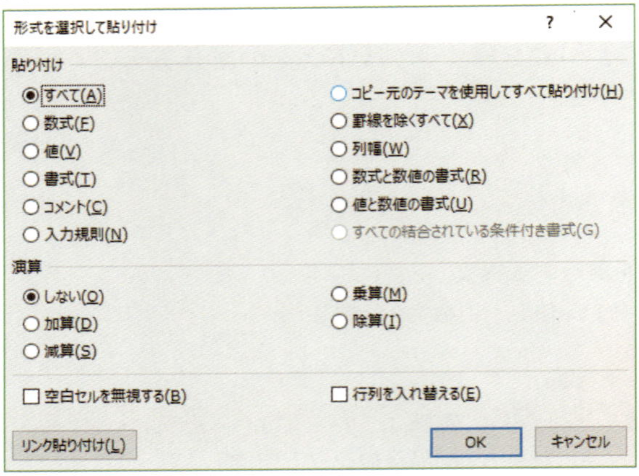

［形式を選択して貼り付け］機能のオプションダイアログ
いろいろな貼り付けオプションが用意されているが、個々の項目に対応する「定数」が決められている

選択式のオプション項目は「定数」で指定する

　Excelの各種機能の中には、複数用意されているオプション項目から1つを選ぶシーンがよくあります。例えば、任意のセルをコピー後に、リボンの［ホーム］-［貼り付け］-［形式を選択して貼り付け］で利用できる［形式を選択して貼り付け］機能には、上図のようにたくさんのオプションが用意されています。

　マクロでこのオプションのうち、どれを利用するのかを指定するには、個々のオプションごとに割り当てられた「**定数**」という仕組みを利用します。例えば、［形式を選択して貼り付け］機能を実行する「**PasteSpecialメソッド**」では、貼り付け方式を引数「Paste」で指定します。引数「Paste」に「値のみ貼り付け」オプションを指定したい場合には、対応する定数である「xlPasteValues」を指定します。

引数を指定して「値のみ貼り付け」を実行する
```
Range("A1").PasteSpecial Paste:= xlPasteValues
```

このように、引数名と希望のオプションに対応する定数をセットで記述することで、選択式のオプションを指定して操作を実行できます。

引数として定数を利用するメソッドの例

PasteSpecialメソッドを例に、引数と定数の指定の仕方を見てみましょう。貼り付けの仕方には「Paste」引数、演算方法の仕方は「Operation」引数を使い、「xlPasteAll」「xlPasteSpecialOperationAdd」などの定数で処理内容を指定します。

表1：PasteSpecialメソッドのオプションと定数（一部抜粋）

分類	引数	オプション	対応する定数
貼り付け	Paste	すべて	xlPasteAll
		数式	xlPasteFormulas
		値	xlPasteValues
		書式	xlPasteFormats
演算	Operation	加算	xlPasteSpecialOperationAdd
		減算	xlPasteSpecialOperationSubtract

「値」のみ貼り付けオプションを指定して［形式を選択して貼り付け］
```
Range("A1").PasteSpecial Paste:=xlPasteValues
```

「値」のみを「加算」するオプションを指定して［形式を選択して貼り付け］
```
Range("A1").PasteSpecial _
  Paste:=xlPasteValues, _
  Operation:= xlPasteSpecialOperationAdd
```

ここもポイント ｜ 定数の多くは「xl」や「vb」から始まる

選択式のオプションを指定する際に利用できる定数の多くは、「xl○○」や「vb○○」というように、「xl」や「vb」から始まる値となっています。これは「Excel」や「Visual Basic」から取った接頭子と思われます。
［マクロの記録］機能で記録されたマクロや、ほかの人が作成したマクロ内でこのような単語を見つけたら、「この部分は、選択式の項目のどれかを指定しているんだな」というような考えで眺めてみると、マクロの内容の理解やカスタマイズする際のヒントになるでしょう。

オブジェクトと命令

024 | 利用したいオブジェクトの調べ方

図1：調べたい項目を選択して［F1］キーでヘルプが表示される

VBE画面から調べたい項目を選択して、［F1］キーを押すと、対応する項目のヘルプページが表示される

VBEから直接ヘルプを呼び出そう

　VBAから自分の意図するExcelの機能を利用するには、対応するオブジェクト名を知り、さらに、プロパティ名やメソッド名を知る必要があります。メソッドでオプションを利用するには、引数名やオプションに対応する定数を知る必要も出てくるでしょう。

　このような場合に便利なのが、［**マクロの記録**］機能や、**VBEのヘルプ機能**です。［マクロの記録］機能は、自分の行った操作をマクロとして記録してくれます（P.16）。また、作成されたマクロのうち、「これはどういう意味なのだろう」というキーワード部分をドラッグして選択し、**キーボードの［F1］キー**を押すと、そのキーワードに対応したヘルプのページがブラウザに表示されます。

　ヘルプページには、オブジェクト名やプロパティ名、メソッド名に引数の情報、さらに、サンプルのコードなどの多彩な情報が記載されています。特にマクロの作成を始めたばかりの人は、辞書を引きながら言葉を調べる感覚で、いろいろなキーワードを選択してヘルプを調べる癖を付けておくと、目的のコードを知る近道になるでしょう。

ヘルプを表示してみよう

VBEを開いて、マクロのヘルプページを実際に表示してみましょう。

図2：VBAからヘルプを表示する

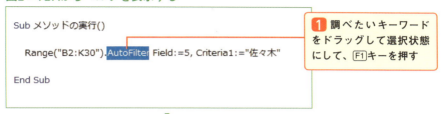

①調べたいキーワードをドラッグして選択状態にして、F1キーを押す

ブラウザが起動し、対応するヘルプページが表示される

ヒント

ヘルプページには、選択項目の基本情報に加えて、サンプルコードも記載されている。

例

次の使用例は、シート1のセルA1から始まるリストの中で、フィールド1が"東京"という文字列であるレコードだけを表示します。フィールド1のドロップダウン矢印は非表示になります。

```
Worksheets("Sheet1").Range("A1").AutoFilter _
    field:=1, _
    Criteria1:="Otis", _
    VisibleDropDown:=False
```

ここもポイント ｜「逆引き」形式のリファレンス本が1冊あると便利

本書でもいろいろなサンプルコードを紹介していますが、Excelの機能は多岐にわたるため、すべての機能を網羅しているわけではありません。本書に載っていない操作したいオブジェクトやメソッド、プロパティなどを調べるには、マクロのヘルプもいいのですが、「逆引き」形式のリファレンス本が1冊手元にあると便利です。本格的にVBAで開発を行うのであれば、1冊用意しておくとよいでしょう。

オブジェクトと命令

025 オブジェクトは階層構造を使って指定する

図1：オブジェクトは階層構造を使うことでも指定できる

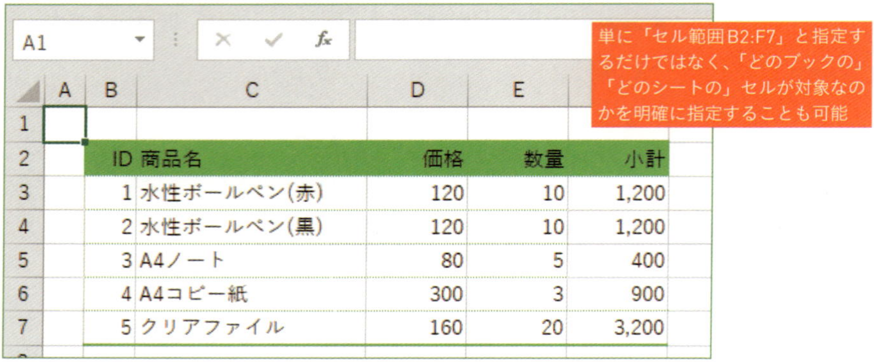

	A	B	C	D	E	F
1						
2		ID	商品名	価格	数量	小計
3		1	水性ボールペン(赤)	120	10	1,200
4		2	水性ボールペン(黒)	120	10	1,200
5		3	A4ノート	80	5	400
6		4	A4コピー紙	300	3	900
7		5	クリアファイル	160	20	3,200

単に「セル範囲B2:F7」と指定するだけではなく、「どのブックの」「どのシートの」セルが対象なのかを明確に指定することも可能

📗 「Range("A1")」は、どのシート上のセルA1？

セルA1を操作対象として指定するには、次のようにコードを記述します。

セルA1を操作対象に指定する
```
Range("A1")
```

しかし、複数のシートがある場合、あるいは、複数のブックがある場合、これは、「どのブックの」「どのシートの」セルA1が操作対象になるのでしょうか。答えは、**現在アクティブなブックの、アクティブなシート上のセルA1**です。簡単にいうと、「**現在画面に映っているセルA1**」が対象になります。

それに対し、きっちりと「どのブックの」「どのシートの」セルA1を操作対象に指定したい場合もあります。このようなときは**具体的なオブジェクトを指定し、ドットでつないで下の階層のオブジェクトを指定していきます**。次のコードは、「Book1.xlsx」の「1枚目のワークシート」の「セルA1」を指定します。

Book1.xlsx→1枚目のワークシート→セルA1を指定
```
Workbooks("Book1.xlsx").Worksheets(1).Range("A1")
```

このように記述すると、対象が「目の前の画面」に表示されていなくても、操作対象として指定することが可能です。

アクティブでないシートのセルを操作してみよう

アクティブでないシートを操作できるか、実際にマクロを書いて確かめてみましょう。VBEに次のコードを記述し、1枚目のシートを表示した状態で実行してください。2枚目のシートに「Excel」という文字が入力されているはずです。

2枚目のシートのセルA1を操作対象にするコード

```
01  Sub 階層構造を使ったマクロ_1
02      Worksheets(2).Range("A1").Value = "Excel"
03  End Sub
```

図2：2枚目のシートのセルA1を操作対象にする

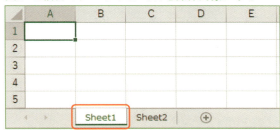

❶ シートが2枚以上あるブックを用意し、1枚目のシートがアクティブな状態で、上記のマクロを実行

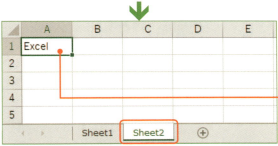

マクロを実行しても1枚目のシートのセルA1には変化はない。2枚目のシートをアクティブにしてみると、セルA1にマクロによって値が入力されていることが確認できる

複数のブックを開いている場合には、次のように「**対象ブック.対象シート.対象セル**」と、階層ごとにドットを入力して指定します。

2つ目のブックの「Sheet1」シートのセルA1を操作対象にするコード

```
01  Sub 階層構造を使ったマクロ_2
02      Workbooks(2).Worksheets("Sheet1").Range("A1").Value = "Excel"
03  End Sub
```

演算子と変数

026 | VBAで計算を行うときに使用する記号（演算子）

図1：演算子と結果

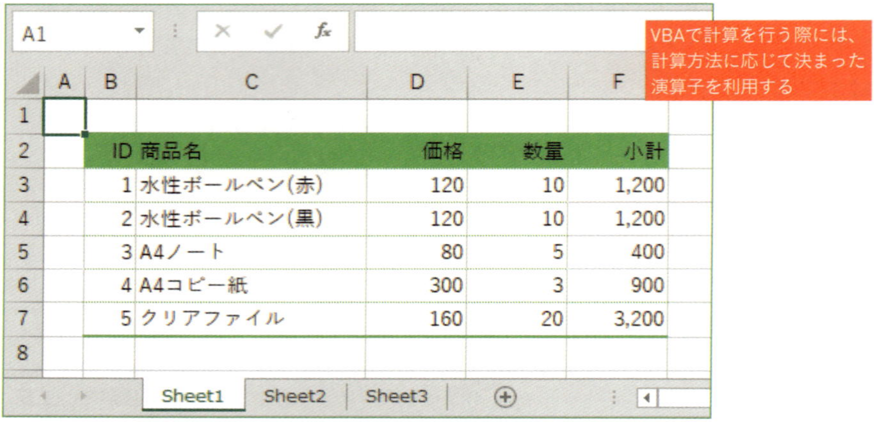

VBAで計算を行う際には、計算方法に応じて決まった演算子を利用する

計算の仕方は数式とほぼ同じ

　VBAのコード内で計算（演算）を行う際には、「**演算子**」という記号を使います。たし算、ひき算などの四則演算はワークシート上での計算と同じように、それぞれ「**+**」「**-**」「*****」「**/**」を利用します。商（除算した場合の整数の部分）を求める場合は、「**¥**」を利用し、剰余（除算の余り）を求める場合には、「**Mod**」を利用します。

　また、文字列を連結する場合には、「**&**」演算子を利用します。「"Excel" & "VBA"」という演算は、「ExcelVBA」という文字列を返します。

表1：算術計算に利用する演算子

計算	演算子	式の例	答
加算	+	10 + 5	15
減算	-	10 - 5	5
乗算	*	10 * 5	50
除算	/	10 / 5	2
商	¥	10 ¥ 3	3
剰余	Mod	10 Mod 3	1

演算をしてみよう

6種類の演算：演算.xlsm

```
01  Sub 演算子()
02      Range("E3").Value = 10 + 5
03      Range("E4").Value = 10 - 5
04      Range("E5").Value = 10 * 5
05      Range("E6").Value = 10 / 5
06      Range("E7").Value = 10 ¥ 3
07      Range("E8").Value = 10 Mod 3
08  End Sub
```

演算子は通常の計算と同じように、「10 + 5」などのように記述する

図2：6種類の演算結果

	A	B	C	D	E
1					
2		計算	演算子	式の例	答
3		加算	+	10 + 5	
4		減算	-	10 - 5	
5		乗算	*	10 * 5	
6		除算	/	10 / 5	
7		商	¥	10 ¥ 3	
8		剰余	Mod	10 Mod 3	

①マクロ「演算子」を実行

	A	B	C	D	E
1					
2		計算	演算子	式の例	答
3		加算	+	10 + 5	15
4		減算	-	10 - 5	5
5		乗算	*	10 * 5	50
6		除算	/	10 / 5	2
7		商	¥	10 ¥ 3	3
8		剰余	Mod	10 Mod 3	1

演算子の左側の値と、演算子の右側の値とを、指定した計算方式で計算した結果を返す

ここもポイント ｜ カッコで計算の優先順位を変更する

VBAでは、ワークシートの数式と同様、カッコを使うことで計算の優先順位を変更できます。「1 + 2 * 3」は7になりますが、「(1 + 2) * 3」は1+2が先に計算されるため、9となります。

演算子と変数

027 変数に値を保存する

図1：変数は値を「名前」「入れ物」で扱えるようにする

「変数」は名前を付けられる値の入れ物

　例えば、「ある商品を10個買うときの値段」を計算する場合、商品の「価格」によって扱う数値が変わってきますね。ワークシート上であれば、「セルA1に価格を入力する」というルールを決めて、「=A1*10」としておけば、あとは商品の種類などに応じて、セルA1にその都度適正な数値を入力すればいいでしょう。つまり、このときの数式中の「A1」は、「**計算に使いたい値の"入れ物"**」となっているわけです。便利ですね。

　VBAでも、このような「入れ物」を使った計算ができる「**変数**」という仕組みが用意されています。変数を利用するには、まずDimステートメントでどのような名前の入れ物を用意するのかを「**宣言**」します。

Dimステートメント
```
Dim 変数名
```

　その後、変数に値をセットする（**代入**する）には、変数名と値を「**=（イコール）**」でつないで記述します。この式は、「変数と値が等しい」という意味ではなく、「変数に値を代入する」という意味になります。

変数の代入
```
変数名 = 値
```

値を代入した変数は、数式内で変数名を利用することにより、代入しておいた値を使った計算を行えます。

```
01  Sub  変数の使い方()
02      Dim Price                              '「Price」という名前の変数を宣言
03      Price = 1500                           'Priceに「1500」を代入
04      Range("C2").Value = Price * 10         '変数名を使って計算
```

図2：変数を利用した計算

	A	B	C
1			
2		代入	15,000
3		再代入	
4		変数の値を使って更新	

変数「Price」に代入した「1500」という値を利用して計算が行われた

また、一度代入を行った変数は、マクロの途中で別の値を再代入することも可能です。

```
05      Price = 500                            '値の再代入
06      Range("C3").Value = Price * 10         '再代入した値を使って計算
```

さらに、値を再代入する際には、次のように、代入する値の計算自体に変数名を利用することで、「元の値に500加算する」など、変数に現在代入されている値を元に値を更新することも可能です。

```
07      Price = Price + 250                    '元の値を使って値を更新
08      Range("C4").Value = Price * 10         '更新した値を使って計算
09  End Sub
```

図3：値の再代入と更新

	A	B	C
1			
2		代入	15,000
3		再代入	5,000
4		変数の値を使って更新	7,500

変数「Price」の値をマクロの途中で変更し、計算が行われた

> **ここもポイント｜変数名の制限**
>
> 変数名には、半角／全角の英数字や日本語、一部の記号が利用できます。「¥」や「$」といった記号は使えませんが、かなり自由に名前が付けられます。ただし、あとでマクロを読み直したときにすぐに意味がわかるように、どういった用途で使うのかが明確にわかる変数名を付けるのがいいでしょう。

演算子と変数

028 変数にオブジェクトを保存する

図1：変数にオブジェクトをセットして利用できる

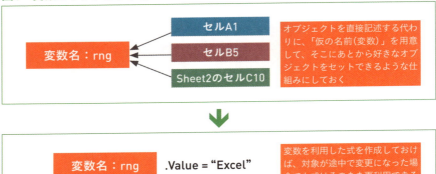

「Set」で変数にオブジェクトを入れる

　変数には数値や文字列といった値だけでなく、セルやワークシートの**オブジェクト**を代入して扱うこともできます。オブジェクトを代入するには、「**Setステートメント**」を利用します。

Setステートメント

```
Dim 変数名
Set 変数名 = オブジェクト
```

　オブジェクトをセットした変数は、セットしたオブジェクトのプロパティやメソッドを利用できます。例えば、セルを扱うRangeオブジェクトをセットした変数は、変数を通じてValueプロパティやAutoFilterメソッドなどを利用できます。

変数を通じてRangeオブジェクトを操作する

```
Set 変数名 = Range("A1")            '変数にセルA1をセット
変数名.Value = "Excel"              'セルA1のValueプロパティを利用
Set 変数名 = Range("A1:C10")        '変数にセル範囲A1:C10をセット
変数名.AntoFileter 2, "東京"        'セル範囲にフィルターをかける
```

■ オブジェクトの指定を変数で簡略化する

　オブジェクト変数は、階層構造を利用したオブジェクトの指定のような長いコードを整理するのにも役に立ちます。例えば、次の3行のコードはすべて「2枚目のシートのセルA1」を操作の対象としています。

オブジェクトを1回1回指定して操作するコード

```
Worksheets(2).Range("A1").Value = "エクセル"
Worksheets(2).Range("A1").Font.Name = "MS ゴシック"
Worksheets(2).Range("A1").Interior.Color = rgbRed
```

　これをオブジェクト変数を利用して整理すると、次のようになります。

オブジェクトを変数に代入して操作するコード

```
Dim rng            '変数の宣言
Set rng = Worksheets(2).Range("A1")       '操作対象のセット
'変数を通じて操作
rng.Value = "エクセル"
rng.Font.Name = "MS ゴシック"
rng.Interior.Color = rgbRed
```

　「Worksheets(2).Range("A1")」と、操作対象を記述する箇所は、3カ所から1カ所にまとめられました。コード自体もすっきりしましたし、操作対象を変更したい場合にも、最初のコードでは3カ所すべてを変更しなくてはいけませんが、修正後のコードでは1カ所を変更するのみでOKですね。

ここもポイント │ Withステートメントを利用した記述方法も

「同じオブジェクトを対象にした処理をまとめる」には、「**Withステートメント**」を利用する方法もあります。「With 対象オブジェクト」として操作の対象を記述すると、その次の行から「End With」と記述した間の行まででは、「**.プロパティ**」「**.メソッド**」と、ドットから始めるコードを記述できます。ドットから始まるコードは、最初に指定したオブジェクトに対する操作として実行されます。

```
With Worksheets(2).Range("A1")
    .Value = "エクセル"         ❶
    .Font.Name = "MS ゴシック"   ❷
    .Interior.Color = rgbRed    ❸
End With
```

上記のコードは、「2枚目のシートのセルA1」を操作対象に、❶値を「エクセル」に書き替える、❷フォントを「MSゴシック」に設定する、❸背景色を赤にするという、3行分の操作を行っています。

ここもポイント　変数には「データ型」を指定できる

変数を宣言する際に「**As キーワード**」という句を併用すると**データ型**を指定できます。データ型とは、「**その変数でどんな種類の値を扱いたいのか**」を指定する仕組みです。例えば、次のコードは、変数「price」を、「そこそこ大きい数値を扱える」データ型である「Long型」で宣言します。

```
Dim price As Long
```

次のコードは、さらに、変数「rng」をRangeオブジェクトを扱うRange型で宣言します。

```
Dim price As Long, rng As Range
```

このように用途まで宣言しておくと、用途以外の値を代入しようとした際、「最初の宣言と違う使い方だけど大丈夫ですか？」とエラーメッセージが表示されるようになります。また、内部的にはデータ型を宣言しておいたほうが、処理速度も向上します。
VBAでは、このデータ型の宣言は、**してもいいし、しなくてもいい仕組み**になっています。本書では、まずVBAに慣れていただくためにデータ型を宣言していませんが、宣言したほうが、ミスに気付きやすくなり便利です。ゆくゆくは指定できるようにしていきましょう。

表1：エクセルVBAでよく使うデータ型

データ型	説明
String	文字列型
Integer	整数型　-32,768 〜 32,767 の範囲の整数
Long	長整数型　-2,147,483,648 〜 2,147,483,647の範囲の整数
Single	単精度浮動小数点型 正の値：1.401298E-45 〜 3.4028235E+38 負の値：-3.4028235E+38 〜 -1.401298E-45
Double	倍精度浮動小数点数型 正の値：4.94065645841246544E-324 〜 1.79769313486231570E+308 負の値：-1.79769313486231570E+308 〜 -4.94065645841246544E-324
Date	日付型　年月日・時分秒を扱う 西暦100年1月1日 〜 西暦9999年12月31日
Object	汎用オブジェクト型 どんなオブジェクトでも代入可能
Variant	バリアント型 どんな値・オブジェクトでも代入可能
固有オブジェクト	RangeやWorksheetなど、特定の種類のオブジェクト

Chapter 3

「もし」「繰り返し」で柔軟なマクロにする

デバッグ・条件分岐・繰り返し

029 開発時に変数や計算結果を確認用に書き出す

図1：標準モジュールに記述されたマクロ

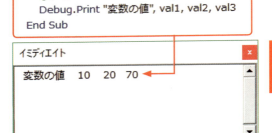

マクロの途中で、変数の値がどうなっているかなどを、イミディエイトウィンドウへと書き出せた

■ イミディエイトウィンドウで値をチェックする

　マクロの開発中に、「このセルの値はどうなっているんだろう」「この変数の値はどうなっているんだろう」などの途中経過の状況を、ログとして表示・記録したい場合があります。このようなケースでは、**Debug.Printメソッド**が便利です。

Debug.Printメソッド
```
Debug.Print 値
```

　Debug.Printは、引数として渡した値を、**VBE下段のイミディエイトウィンドウへと書き出します**。また、表示したい項目が複数ある場合には、カンマで区切って列記すればOKです。

```
Debug.Print 値1, 値2, 値3…
```

　とくにマクロの作成中にバグに遭遇し、うまく動かない場合に、実行途中に関連するセルの値やシートの枚数、変数の値などを逐次チェックし、どの時点で意図と違う値になってしまっているかを突き止める際に、知っていると役立つ仕組みです。

■ イミディエイトウィンドウに変数の値を表示

次のマクロ「コンソールを利用する」をVBEに入力して実行すると、イミディエイトウィンドウに変数val1，val2，val3の値が出力されます。

イミディエイトウィンドウの利用　　　　　　　　　3-29：コンソールの利用.xlsm

```
01  Sub コンソールを利用する()
02      Dim val1, val2, val3
03      val1 = 10
04      val2 = val1 * 2
05      val3 = val2 + 50
06      '[イミディエイトウィンドウ]に値を表示
07      Debug.Print "変数の値", val1, val2, val3
08  End Sub
```

図2：マクロの結果

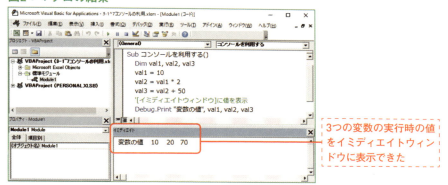

3つの変数の実行時の値をイミディエイトウィンドウに表示できた

ここもポイント ｜ イミディエイトウィンドウはステートメント実行も可能

イミディエイトウィンドウは、値の表示だけでなく、簡易なコードの実行も可能です。イミディエイトウィンドウに直接、次のコードを入力して[Enter]キーを押すと、その下の行にセルA1の値が表示されます。

```
Debug.Print Range("A1").Value
```

1行のステートメントであれば、直接入力して[Enter]キーを押せば、即座に実行してくれる、いゆる「コンソール」として機能します。
なお、イミディエイトウィンドウ内では、「?」は、「Debug.Print」の簡易記述として機能します。つまり、上記のコードは、次のように記述可能です。

```
? Range("A1").Value
```

こちらも覚えておくと手軽にいろいろチェックできますね。

デバッグ・条件分岐・繰り返し

030 セルの値によって表示メッセージを変更する

図1：セルの内容によって実行する処理を変化させる

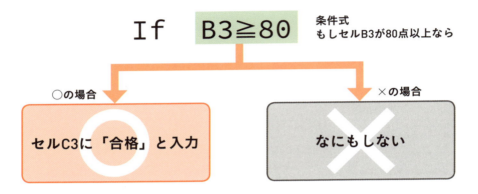

Ifステートメントによる条件分岐

ワークシート上では、IFワークシート関数で、条件式に応じた値を表示できますが、VBAでも「**Ifステートメント**」を使うと、条件に応じてプログラムの流れに変化を付けることができます。

Ifステートメント

```
If 条件式 Then
    条件式がTrue(真)だった場合の処理
End If
```

Ifステートメントは、値のチェックなどを行う「**条件式**」の結果に応じて、その条件式を満たす場合（結果が「**True**」の場合）に実行したい処理を、「If～End If」の間に挟まれた範囲に記述します。

この条件式は、IFワークシート関数同様に、以下の比較演算子を利用して作成します。

表1：比較演算子の種類

比較の種類	演算子	使用例	結果
等しい	=	5 = 2	False
等しくない	<>	5 <> 2	True
より小さい	<	5 < 2	False
以下	<=	5 <= 2	False
より大きい	>	5 > 2	True
以上	>=	5 >= 2	True

セルの値に応じてセルに入力する値を変える

次のマクロ「条件分岐」は、現在のセルの値が80点以上のときに、隣のセルに「合格」と入力します。VBEに入力し、セルB3を選択して。実行してみましょう。セルB3の値は80なので条件式がTrueとなり、隣のセルC3に「合格」と入力されます。セルB4で実行すると、値が62で条件式がFalseとなり、隣のセルにはなにも入力されません。

条件分岐による値の入力　　　　　　　　　　　　　　3-30：条件分岐.xlsm

```
01  Sub 条件分岐()
02      'セルの値が80以上であれば隣のセルに「合格」を入力
03      If ActiveCell.Value >= 80 Then
04          ActiveCell.Next.Value = "合格"
05      End If
06  End Sub
```

図2：マクロの結果

上記マクロをセル範囲B3:B6に順番に実行したところ。アクティブセルの値が「80以上かどうか」という条件式を満たす場合にのみ、隣のセルに「合格」と入力できた

ここもポイント ｜ 「次のオブジェクト」を取得する「Nextプロパティ」

本文中のマクロでは、「右隣のセル」を取得するために、「Nextプロパティ」を利用しています。

```
ActiveCell.Next.Value = "合格"
```

NextプロパティはRangeオブジェクトやWorksheetオブジェクトに用意されている「次のオブジェクト」を取得できるプロパティとなります。Rangeオブジェクトの場合は「右隣のセル」が、Worksheetオブジェクトの場合は「右隣のシート」がそれぞれ操作対象として取得されます。

デバッグ・条件分岐・繰り返し

031 | プログラムの流れを2つ以上に分岐する

図1：マクロの記録の手順

■ If Elseステートメントによる条件分岐

条件式を満たす場合と満たさなかった場合で、それぞれ異なる処理を実行したい場合には、IfステートメントにElseを加えて以下のように記述します。

If Elseステートメント

```
If 条件式 Then
    条件式がTrue(真)だった場合の処理
Else
    条件式がFalse(偽)だった場合の処理
End If
```

また、異なる条件式を利用して、分岐を3つ以上に分けたい場合には、**If〜ElseIf**ステートメントを利用します。ElseIfは2つ以上記述することも可能です。

If〜ElseIfステートメント

```
If 条件式1 Then
    条件式1がTrue(真だった場合の処理)
ElseIf 条件式2 Then
    条件式2がTrue(真だった場合の処理)
Else
    すべての条件式を満たさなかった場合の処理
End If
```

セルの値に応じて隣のセルに入力する値を変える

次のマクロ「条件分岐」は、現在のセルの値が80点以上のときに隣のセルに「合格」、そうでない場合は「不合格」とと入力します。VBEに入力し、セルB3を選択して実行してみましょう。セルB3の値は80なので条件式がTrueとなり、隣のセルC3に「合格」と入力されます。セルB4で実行すると、値が62で条件式がFalseとなり、隣のセルには「不合格」と入力されます。

条件分岐による値の入力　　　　　　　　　　　　3-31：複数条件の分岐.xlsm

```
01  Sub 条件分岐()
02      If ActiveCell.Value >= 80 Then
03          ActiveCell.Next.Value = "合格"
04      Else
05          ActiveCell.Next.Value = "不合格"
06      End If
07  End Sub
```

図2：マクロの結果

セル範囲B3:B6に対して、上記マクロを実行した結果。それぞれのセルの値に応じて、「合格」「不合格」のいずれかの値を入力できた

ここもポイント｜And演算子とOr演算子による条件式の作成

2つの条件式を「共に満たす場合」もしくは「いずれかを満たす場合」を判定したい場合には、それぞれ、「And演算子」と「Or演算子」を利用します。

```
If ActiveCell.Next.Value = "" And ActiveCell.Value >= 80 Then
    MsgBox "合格"
End If
```

上記のコードは、「右隣のセルが空白」「値が80以上」という2つの条件式を満たす場合のみにメッセージを表示します。いずれかを満たす場合に変更するには、「And」の部分を「Or」に変更します。

デバッグ・条件分岐・繰り返し

032 同じ処理を繰り返し実行する

図1：繰り返し処理のイメージ

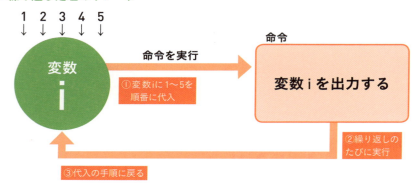

📄 Forステートメントによる繰り返し処理

　1つのセルや1枚のシートを対象に作成した処理を、複数のセルやシートに繰り返したい。そんな要望をかなえるのが**繰り返し処理（ループ処理）**です。VBAでは、**For Nextステートメント**を利用すると、任意の回数だけ処理を繰り返すことができます。

カウンタ変数
```
For カウンタ変数 = 開始値 To 終了値
    繰り返したい処理
Next
```

　For Nextステートメントでは、**カウンタ変数**に**開始値**を設定し、その後に**Toキーワード**を挟んで、**終了値**を設定します。すると、「Next」で挟んだ部分にあるコードを、開始値から終了値までの回数分だけ実行します。例えば、10回メッセージを表示したい場合には、次のようにコードを記述します。

For Nextステートメント
```
For i = 1 To 10
    MsgBox "処理回数:" & i
Next
```

　このとき、For～Nextに挟まれた範囲では、繰り返し処理のたびに、カウ

ンタ変数の値が1ずつ加算されます。この値を利用すると、繰り返し処理ごとに、少しずつ処理の対象や結果の値を微調整することができます。

アクティブセルに連番を入力する処理を5回繰り返す

次のマクロには、「MM-変数i」という文字列を現在のセルに書き込み（6行目）、1つ下のセルに移動する命令（8行目）が記述されています。これをFor Nextステートメントで、変数iが1～5になるまでの5回分繰り返します。

繰り返し処理

3-32：繰り返し処理.xlsm

```
01  Sub 繰り返し処理()
02      Dim i
03      'For Next間の処理を5回繰り返す
04      For i = 1 To 5
05          'カウンタ変数の値を利用して連番を入力して1つ下のセルを選択
06          ActiveCell.Value = "MM-" & i
07          '次の入力位置(1つ下のセル)を選択
08          ActiveCell.Offset(1, 0).Select
09      Next
10  End Sub
```

図2：マクロの結果

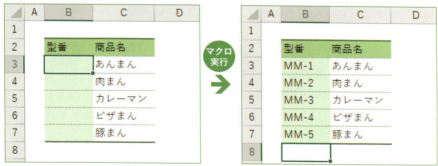

カウンタ変数に、開始値「1」、終了値「5」を指定しているため、「1～5」の5回処理が繰り返される。結果として、カウンタ変数の値を利用してセルに値を入力し、1つ下のセルを選択する処理が5回繰り返される

ここもポイント｜カウンタ変数の定番は「i」と「j」

For Nextステートメントに使用するカウンタ変数には自由に名前を設定できますが、定番の変数名は「i」と「j」です。これは昔からの伝統で、「i」は「index」の頭文字で、「j」はiの次のアルファベットからきています。

デバッグ・条件分岐・繰り返し

033 | [はい][いいえ]を選んでもらう

■ マクロでお知らせ・問い合わせを行う

MsgBox関数を利用すると、**メッセージダイアログボックス**に指定した文字列を表示できます。ユーザーにお知らせや注意を促す場合にとても便利な仕組みですね。

MsgBox関数
```
MsgBox "表示したい文字列"
```

MsgBox関数は、3つの引数を持ちます。単にメッセージを表示するだけであれば、1つ目の引数を指定するだけでOKですが、2つ目の引数を設定すると、表示するボタンの種類やアイコンの種類を変化できます。

表1：MsgBox関数の引数

引数	引数名	説明
第1引数：表示内容	Prompt	表示する文字列を指定
第2引数：ボタンの種類	Buttons	表示するボタンの種類を定数で指定
第3引数：タイトル	Title	タイトル部分に表示する文字列を指定

第2引数では、表示ボタンの組み合わせの種類と、表示アイコンを設定できます。両方を設定する場合には、それぞれの定数を加算して指定します。例えば、次のコードは、[はい][いいえ]のボタンと、はてなアイコンを表示します。

[はい][いいえ]のボタンとはてなアイコンを表示
```
MsgBox "表示したい文字列", vbYesNo + vbQuestion
```

また、クリックしたボタンの種類をチェックするには、**引数全体を括弧で囲み、戻り値を変数で受け取ります。**

クリックしたボタンの種類を変数で受け取る
```
変数 = MsgBox("表示したい文字列", ボタンの種類)
```

この値をチェックすることで、クリックしたボタンの種類を確認できます。第2引数に設定できる定数と、戻り値となる定数には、次のものがあります。

表2：第2引数に指定できる定数

表示ボタン項目		表示アイコン項目	
vbOKOnly	［OK］ボタン（既定値）	vbCritical	警告アイコン
vbOKCancel	［OK］［キャンセル］	vbQuestion	はてなアイコン
vbAbortRetryIgnore	［中止］［再試行］［無視］	vbExclamation	注意アイコン
vbYesNoCancel	［はい］［いいえ］［キャンセル］	vbInformation	情報アイコン
vbYesNo	［はい］［いいえ］		
vbRetryCancel	［再試行］［キャンセル］		

表3：戻り値となる定数

名前	説明	名前	説明
vbOK	［OK］ボタン	vbIgnore	［無視］ボタン
vbCancel	［キャンセル］ボタン	vbYes	［はい］ボタン
vbAbort	［中止］ボタン	vbNo	［いいえ］ボタン
vbRetry	［再試行］ボタン		

メッセージを表示する

まずはMsgBox関数で「Hello Excel VBA」という文字列を出力してみましょう。文字列を出力する場合は、第1引数のみ設定すればOKです。ダイアログボックスには引数に設定した文字列と［OK］ボタンが表示されます。

問い合わせによって処理を分岐　　3-33：問い合わせ処理.xlsm

```
01  Sub メッセージを表示()
02      MsgBox "Hello Excel VBA"
03  End Sub
```

図1：マクロの結果

MsgBox関数を利用し、メッセージダイアログを表示できた

[はい][いいえ]を表示して処理を分岐する

今度はダイアログボックスに［はい］と［いいえ］を表示し、選んだボタンに合わせて表示するメッセージを変えてみましょう。

4～5行目のMsgBox関数で、第2引数を指定し、表示するボタンを［はい］［いいえ］、アイコンをはてなアイコンにします。返り値を変数answerで受け取るため、引数全体をカッコで囲むのをお忘れなく。

このMsgBox関数の返り値「answer」を、6行目以降のIf～Thenステートメントで定数vbYesと比較し、一致する場合とそうでない場合で異なる処理を実行しています。

問い合わせダイアログを表示する　　　　　　　　3-33：問い合わせ処理.xlsm

```
01  Sub 問い合わせ()
02      Dim answer
03      'ボタンの組み合わせとアイコンを指定し、戻り値を変数で受け取る
04      answer = MsgBox("犬よりも猫が好きですか?", _
05                      vbYesNo + vbQuestion)
06      'クリックしたボタンによって処理を分岐
07      If answer = vbYes Then
08          MsgBox "犬好きなんですね"
09      Else
10          MsgBox "猫好きなんですね"
11      End If
12  End Sub
```

図2：マクロの結果

表示アイコンやボタンを指定し、［はい］［いいえ］のどちらのボタンをクリックしたかをチェックして、処理を分岐できた

［はい］をクリックした場合

［いいえ］をクリックした場合

Chapter 4

面倒なデータ入力を一瞬で終える

文字・数式の入力

034 会社の住所や連絡先を一発で入力する

図1：マクロを使ってセルへ値を入力する

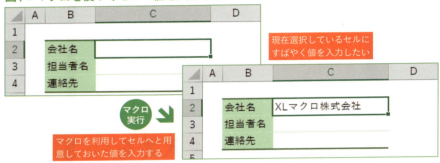

マクロからセルへと値を入力する

マクロからセルへと値を入力するには、操作対象とするセルを指定し、**Value プロパティ**へと値を代入します。

```
対象セル.Value = 値
```

マクロを使ってセルへと値を代入できるようになると、キーボードで入力するには長すぎる文字列をさっと手軽に入力したり、名前・住所・電話番号などの一連の値をスタンプを押すような感覚で手軽に入力したりといった操作を一気に行えます。

また、対象とするセルを指定する際には、**Selection**を利用すると、「現在選択しているセル」を対象にできます。

```
Selection.Value = 値
```

さらにその場所を起点として、複数の値のセットを入力したいときは **Offset**が便利です。「選択箇所の1行下」「選択箇所の1列右」などの位置へと値を入力することも可能です。

```
Selection.Offset(行オフセット数, 列オフセット数).Value = 値
```

選択セルに会社名を入力

Valueプロパティでセルに値を入力してみましょう。Selectionプロパティを使うと現在選択しているセルのオブジェクトを取得できます。

値を入力　　　　　　　　　　　　　　　　　　　　　　4-34：値を入力.xlsm

```
01  Sub 値を入力()
02      Selection.Value = "XLマクロ株式会社"
03  End Sub
```

図2：マクロの結果

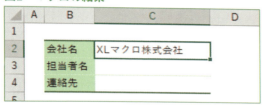

セルC2を選択してマクロを実行すると、セルC2に値が入力される

担当者名や連絡先など、複数の値を別々のセルに入力するときは、Offsetプロパティを用い、選択中のセルから上下左右のセルを取得します。あとは2行目と同様にValueプロパティに文字列を代入すればOKです。

値をまとめて入力　　　　　　　　　　　　　　　　　　4-34：値を入力.xlsm

```
01  Sub 値をまとめて入力()
02      Selection.Value = "XLマクロ株式会社"
03      Selection.Offset(1, 0).Value = "薩川"
04      Selection.Offset(2, 0).Value = "054-(xxx)-xxxx"
05  End Sub
```

図3：マクロの結果

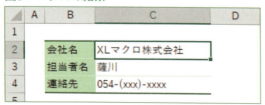

セルC2を選択してマクロを実行すると、セルC2〜C4に値が入力される

> **ここもポイント｜上や左へのオフセット数はマイナス値を指定する**
>
> Offsetプロパティで「上」や「左」のセルを指定したい場合には、マイナス値を指定します。「Selection.Offset(-1, -2)」は、選択セルの1行上、2行左のセルを対象に指定します。

文字・数式の入力

035 複雑な関数・数式を簡単に入力する

図1：マクロを使ってセルへ数式を入力する

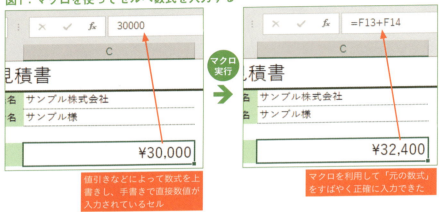

値引きなどによって数式を上書きし、手書きで直接数値が入力されているセル

マクロを利用して「元の数式」をすばやく正確に入力できた

マクロからセルへと数式を入力する

　マクロからセルへ数式や関数式を入力するには、操作対象とするセルを指定し、**Formulaプロパティ**に**イコール**から始まる式を代入します。

Formulaプロパティ
```
対象セル.Formula ＝ 式の文字列
```

　見積書や請求書などの帳票をExcelで作成している場合、取引先との交渉によって、普段の価格や数量セットの計算方式から一定の金額や数量だけ、値引きや追加を行うケースもありますよね。そういった場合には、シート上に数式を組んでいても、値引き後の値を直接上書きすることが多いでしょう。その後、似た案件が来た場合にシートを再利用しようと思っても、数式はなくなったままです。そんな場面がよくあるなら、**パパっと元の数式を復活させるマクロ**を用意しておくのが便利です。

　1回マクロで数式を入力できるようにしておけば、長くて複雑な数式でも、手入力やコピーによる入力よりも、すばやく、ミスなく式を復活することができます。

特定のセルに計算式を入力

まずは関数を使わない数式から挑戦しましょう。Rangeプロパティでセルを指定し、Formulaプロパティに数式を代入します。数式は「"（ダブルクォーテーション）」で囲んで文字列にしないとエラーになるので注意。

数式を入力　　　　　　　　　　　　　　　　　　　4-35：数式を入力.xlsm

```
01  Sub 数式の入力()
02      Range("C5").Formula = "=F13+F14"
03  End Sub
```

図2：マクロの結果

セルC5に、「=F13+F14」という数式をマクロから入力できた

関数を入力する場合も基本的に書き方は同じですが、数式内でダブルクォーテーションを使うときは注意が必要です。文字列を作る「"」と区別が付くように「""」と入力しないといけません。よくある「A1<>""」のような空白チェックの数式は、マクロ内では「A1<>""""」と、4つのダブルクォーテーションを重ねるかたちになります。

関数式を入力　　　　　　　　　　　　　　　　　　4-35：数式を入力.xlsm

```
01  Sub 関数式の入力()
02      Range("F13").Formula = "=SUM(F8:F12)"
03      Range("F14").Formula = "=IF(F13<>"""",F13*0.08,"""")"
04  End Sub
```

図2：マクロの結果

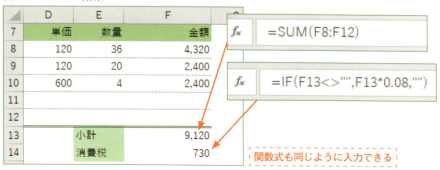

関数式も同じように入力できる

文字・数式の入力

036 複雑な相対参照の関数・数式を瞬時に入力する

図1：マクロを使ってセルへ相対参照の数式を入力する

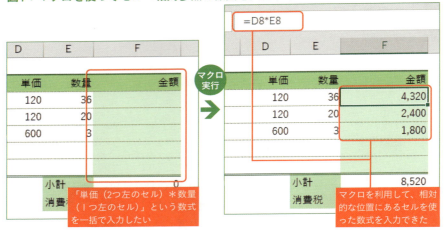

マクロからセルへと相対参照形式で数式を入力する

　伝票形式のシートでは、1行に単価、個数、小計と列がならぶ表がよくありますよね。この小計に単価×個数の数式を入力したい。しかし、行番号や列番号は資料によってまちまち……。このような状況では、セル番地を文字列で指定するFormulaプロパティはうまく使えません。

　具体的なセル番地は行ごとに異なるが、左隣2つのセルを使った数式を作りたい——こんなときに便利なのが、**相対参照形式**です。

　相対参照形式は、別名「**R1C1形式**」ともいい、式を入力するセルと、目的のセルの相対的な位置関係を、「**R[行オフセット数] C[列オフセット数]**」というルールで記述する式です。「R[1] C[2]」は、「1行下・2列右」のセル。「R[-1] C[-2]」は、「1行上・2列左」のセルとなります。

　対象セル.FormulaR1C1 ＝ 相対参照形式の数式

　マクロでは、このR1C1形式で記述した数式をFormulaR1C1プロパティに代入することで、セルに数式を入力することも可能です。

セル範囲F8:F12に数式を入力

セルF8:F12のセルに対し、2列分左のセルと、左隣のセルをかけ算する数式をR1C1形式で記述し、FormulaR1C1プロパティに代入しています。ここでは数式を入力するセルをRangeプロパティで固定していますが、Selectionプロパティを使えば、選択したセルを起点にして数式を組み立て入力してくれるので、より柔軟性の高いマクロとなります。

相対参照形式で数式を入力　　　　　　　　　　4-36：セルに相対参照式を入力.xlsm

```
01  Sub R1C1形式での式の入力()
02      Range("F8:F12").FormulaR1C1 = "=R[0]C[-2]*R[0]C[-1]"
03  End Sub
```

図2：マクロの結果

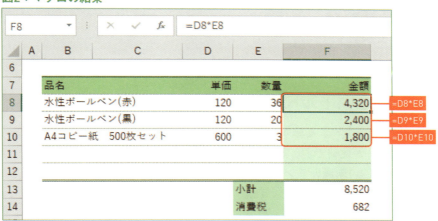

セル範囲F2:F8に、「2行左隣＊1行左隣」というルールの数式を一括で入力できた

ここもポイント ｜ 「同じ行」「同じ列」の場合は記述の簡略化が可能

相対参照形式で式を作成する場合には、「同じ行」は、「R[0]」、「同じ列」は、「C[0]」で表しますが、この表記はそれぞれ「R」「C」と省略することもできます。つまり、

```
=R[0]C[-2]*R[0]C[-1]
```

という式であれば、次のような簡略表記が可能です。

```
=RC[-2]*RC[-1]
```

こちらのほうが、「行は同じで、列だけ変化させているんだな」とわかりやすいかもしれませんね。好みに応じて使い分けてみましょう。

データの自動入力

037 30%の確率で「当選」と入力するシミュレーションを行う

図1：マクロを使ってランダムな結果を入力する

指定したセル範囲へと、指定した確率で「当選」、もしくは「ー」という結果を入力する

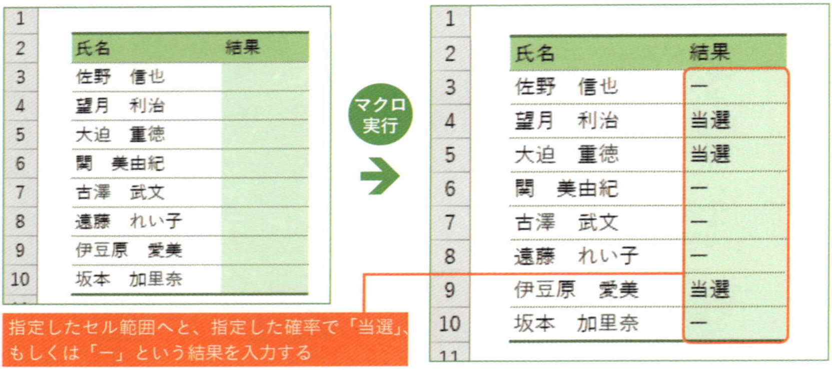

マクロからセルへとランダムな結果を入力する

　Excel上でランダムな確率を使ったシミュレーションを行いたい場合には、「**Rnd関数**」が便利です。Rnd関数は、実行するたびに、決められた乱数表に従って、**0以上1未満**のランダムな値を返す関数です。この仕組みを利用し、以下のような式を作成すると、任意のパーセンテージの確率を持つ結果を得ることができます。

```
IIf(Rnd<確率を表す小数値, 確率値未満の場合, 確率値以上の場合)
```

　IIf関数は、IFワークシート関数のVBA版といった関数で、次のように記述すると、条件を満たすときと、満たさないときで異なる値を返します。

```
IIf(条件式, 真の場合の値, 偽の場合の値)
```

　例えば、「確率30%で、"当選"という値を返す、それ以外は"落選"という値を返す」としたい場合には、30%は、小数で表すと0.3なので、次のようなコードとなります。

```
IIf(Rnd < 0.3, "当選", "ー")
```

この値を、ループ処理（P.76）を利用して特定のセル範囲に入力すれば、希望の確率でのシミュレーションが可能となります。

■ セル範囲C3:C10に確率30%で「当選」と入力

セルC3:C10に対して、Rnd関数で1つずつ乱数を作成し、0.3未満なら「当選」、0.3以上の場合は「－」と入力するようIIF関数で判定しています。3行目の**Randomizeステートメント**は、乱数表を初期化する命令です。この命令がないと、次にブックを開き直してマクロを実行すると同じ結果となり、適切なシミュレーションが行えません。

ランダムな結果を入力　　　　　　　　　　　　　　　　4-37：乱数を扱う.xlsm

```
01  Sub 確率30パーセントで当選()
02      Dim rng
03      Randomize                                    '乱数表を初期化
04      For Each rng In Range("C3:C10")
05          rng.Value = IIf(Rnd < 0.3, "当選", "－")   '乱数を使って入力
06      Next
07  End Sub
```

図2：マクロの結果

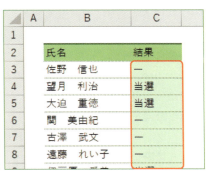

セル範囲C3:C10に、確率約30％で、「当選」と入力（それ以外は、「－」を入力）できた。乱数を利用しているので、結果は実行するたびに異なる。乱数の利用方法を押さえておくと、さまざまなシミュレーションを手軽に試すことができる

ここもポイント　│　「複数候補のうち、必ず3つを当選」させたい場合の考え方

本文中のコードは、どのセルの値も、確率30％で「当選」と入力します。そのため、乱数の値によっては、「当選」する数も変化します。場合によっては、「当選」なしの場合もあるでしょう。
そうではなく、"必ず3つは当選させたい"という場合には、いきなり結果を書きこむのではなく、まず、乱数の値そのものをセルへと入力します。その上で、並べ替え機能や条件付き書式を利用して、「乱数の値が大きい物ベスト3」を探し出し、それを「当選」とします。こちらの方法の具体的なコードは、サンプルファイルをご覧ください。

データの自動入力

038 連番の最新値を取得して入力する

図1：マクロを使ってユニークな新規IDを入力する

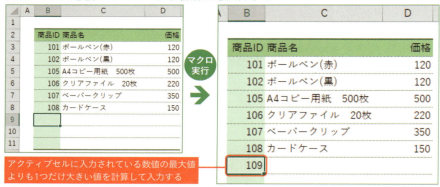

アクティブセルに入力されている数値の最大値よりも1つだけ大きい値を計算して入力する

マクロへ新規IDを入力する

　商品リストや社員リストなど、なにかしらのリストを作成する場合には、ほかの値と重複しないID番号を振ることが多いでしょう。このID番号の作成方法はいろいろとありますが、今回は、「ワークシート関数MAXを利用して、その列に入力されている数値のうちいちばん大きな値を算出し、その値に1だけ加算した値を新規IDとする」というルールで作成してみましょう。

　ワークシート関数をVBA内で利用するには、**「Application.WorksheetFunction.」に続いて、利用したいワークシート関数名を記述し、引数を指定**します。

```
Application.WorksheetFunction.関数名(引数)
```

　また、「特定のセルを含む列全体」は、「**EntireColumnプロパティ**」で取得できます。この2つの仕組みを組み合わせると、次のコードで新規IDが得られます。

```
Application.WorksheetFunction.Max(ActiveCell.EntireColumn) + 1
```

　その他のワークシート関数も同じように、Application.WorksheetFunction経由で利用できます。ワークシート関数の扱いに慣れた人であれば、積極的に活用したいテクニックです。

アクティブセルに新規IDを入力する

セルB9にカーソルを置いた状態で、マクロ「新規IDを入力」を実行すると何が起こるのか、順を追って見ていきましょう。

2行目で変数newIDを作成し、4行目でこの変数に何らかの値を代入しています。代入する値は、現在カーソルが置いてある列の全体から、MAXワークシート関数で最大値を取りだし、その値に「1」を加算したものです。これはワークシート関数に置き換えると、「=MAX(B:B)+1」という処理をしているわけですね。あとは5行目で変数newIDの値を現在のセルに入力して、マクロが終了します。

新規IDを入力　　　　　　　　　　　　　　　　　　　　　　4-38：連番取得.xlsm

```
01  Sub 新規IDを入力()
02      Dim newID
03      'アクティブ列の最大値+1の値を新規ID用に算出
04      newID = Application.WorksheetFunction.Max(ActiveCell.EntireColumn) + 1
05      ActiveCell.Value = newID
06  End Sub
```

図2：マクロの結果

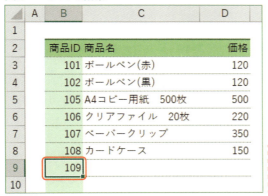

セルB9を選択した状態でマクロを実行すると、「B列全体の最大値+1」の値を計算し、入力する

ここもポイント　│　**「最新のデータ」を入力する場所も自動取得するには**

新規IDを入力するセルを手作業で選択するのではなく、自動的に本文中のセルB9のような最新データ入力位置を取得したい場合は、最新の入力位置を取得するコード（P.96）を併用してみましょう。具体例は、サンプルをご覧ください。

データの自動入力

039 セル範囲にまとめてデータを入力する

図1：1つ分のレコードのデータをひとまとめに入力

マクロで任意のセル範囲に値を一括入力する

　フィルターやピボットテーブルを利用するには、データを表形式で入力する必要があります。一方、データ入力時には、カード形式のほうがわかりやすい場合もあるでしょう。

　このような場合、カード形式のデータを、「1行に1つ分のデータ（レコード）」という表形式のルールに沿って転記する必要があります。転記方法はいろいろありますが、**Array関数**を利用して1レコード分のセル範囲にまとめてデータを入力すると、「1行に1レコード」というイメージでデータを扱いやすくなります。

```
セル範囲.Value = Array(1列目の値, 2列目の値, …)
```

　Array関数の引数には、入力したい列の分だけの値を、カンマで区切って列記します。1つ1つ別のセルのValueプロパティに値を設定するよりもずっと手軽ですね。

セル範囲E9:I9にカード形式のデータを入力する

　Array関数は本来、データを連続的に並べて1つの変数で扱えるようにする「配列」を作る関数です。つまり、連続するセル範囲に配列を代入すると、複数の値を一括で入力できるということです。

　ここではArray関数で、ID、氏名、フリガナ、年齢、登録日の5つの値を持つ配列を作成し、それをセルE9:I9のValueプロパティに代入することでデータを入力しています。

新規レコードを追加 　　　　　　　　　　　　　　　　　　　4-39：配列で入力.xlsm

```
01  Sub 新規レコード追加()
02      '表形式のデータに新しいレコードを1件追加
03      Range("E9:I9").Value = Array( _
04          Range("C3").Value, _
05          Range("C4").Value, _
06          Range("C6").Value, _
07          Range("C8").Value, _
08          Range("C9").Value _
09      )
10  End Sub
```

Array関数の引数には、セル範囲E9:I9の5個のセルに対応した5つの値を、カンマで区切って列記する。値は、直接指定してもいいし、セルに入力されている値を指定してもいい

図2：マクロの結果

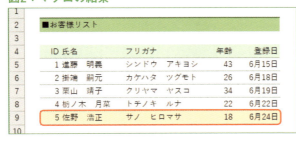

1レコード分のセル範囲であるセルE9:I9の5つのセルに、5個のデータを一括で入力できた

　マクロ「新規レコード追加」では、入力対象のセルを固定していますが、Offsetプロパティを活用することでいちばん下の行を自動選択することも可能です。具体例はサンプルに掲載しています。

ここもポイント ｜ 1行のコードを改行して整理する

VBAのコードは、行の途中で「 _ （半角スペース＋アンダーバー）」を入れると、1行のコードを複数行に改行して記述できます。1行が長すぎる場合や、本文中のように、引数に指定する値の1つ1つごとに改行を入れると、コードが見やすくなります。

セル・列・行の選択

040 表内の特定の列全体を選択する

■ マクロで表内の特定行・特定列・見出しを除く範囲を選択

Excelでは表形式でデータを入力することが多くあります。その表内のデータを扱う場合、任意の行全体や列全体を基準に扱うケースが出てきます。このような場合には、表全体のセル範囲に対して、「**Rows(行番号)**」「**Columns(列番号)**」という形式でアクセスできます。

```
表のセル範囲.Rows(表内での相対的な行番号)
表のセル範囲.Columns(表内での相対的な列番号)
```

「**表内の〇行目**」「**表内の〇列目**」というイメージで目的のセル範囲にアクセスできるため、知っているととても便利な仕組みです。

なお、連続した行や列の範囲は、「**:」を利用した文字列**を使って指定することも可能です。例えば、次のコードは、セル範囲B2:E6の2行目〜5行目(セル範囲B3:E6)を選択します。

```
Range("B2:E6").Rows("2:5")
```

この機能を知っておけば、表内の特定の行や列の書式をまとめて変更したり、表内のデータを一発で削除したりすることが、簡単に行えます。

■ セル範囲B2:E6を基準に特定の行・列などを選択

3つのマクロはどれもセル範囲B2:E6のRangeオブジェクトに対し、Rowsプロパティとcolumnsプロパティを指定することで、B2:E6内の行全体、あるいは列全体を選択しています。1つ目のマクロは3行目に背景色を設定し、2つ目のマクロは3列目のフォントを太字に設定しているのです。

3つ目のマクロは、5行目の&演算子の後ろの「myTable.Rows」でmyTableの行全体を取得。さらにCountプロパティでこのオブジェクトの行数を取得して、文字列「"2:"」と結合しています。これを1つ目のRowsプロパティの引数にして、見出しを除く表全体(2〜5行目)をコピーしているのです。

表の3行目（2レコード目）に背景色を設定

4-40：表の各部位を選択.xlsm

```
01  Sub 特定レコードを選択して色を付ける()
02      Range("B2:E6").Rows(3).Interior.ColorIndex = 46
03  End Sub
```

図1：マクロの結果

マクロを実行すると、表の2列目（2レコード目）にだけ背景色が設定される

表の3列目全体のフォントを太字に変更

4-40：表の各部位を選択.xlsm

```
01  Sub 特定フィールドのフォントを太字にする()
02      Range("B2:E6").Columns(3).Font.Bold = True
03  End Sub
```

図2：マクロの結果

マクロを実行すると、表の3列目のフォントが太字に設定される

表の見出しを除いたセル範囲をコピー

4-40：表の各部位を選択.xlsm

```
01  Sub 見出しを除いた範囲をコピー()
02      Dim myTable
03      Set myTable = Range("B2:E6")
04      '2行目から最終行をコピー
05      myTable.Rows("2:" & myTable.Rows.Count).Copy
06  End Sub
```

図3：マクロの結果

マクロを実行すると、表の見出し部分以外の箇所が選択され、コピーを行う

セル・列・行の選択

041 | 新規データの入力位置を取得する

図1：新規データの入力位置を取得

	A	B	C	D	E	F
1						
2		測定値		ID	氏名	年齢
3		15		1	進藤　明義	43
4		18		2	掛端　嗣元	26
5		20		3	栗山　靖子	34
6		22		4	栃ノ木　月菜	22
7		17				
8						

縦方向にデータを追記していくタイプの表において、「次のデータを入力するセル」を自動的に取得したい

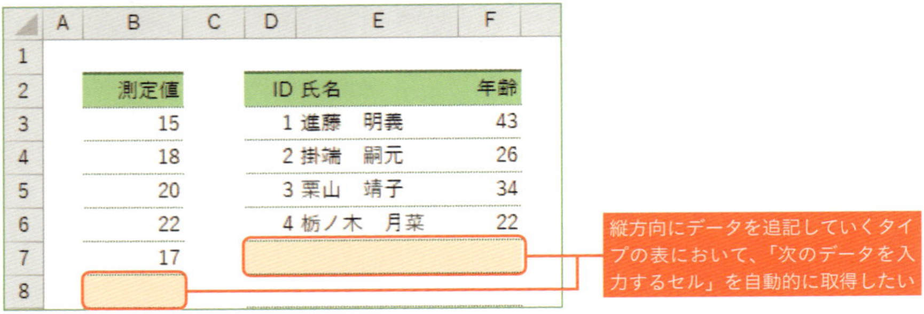

マクロで新規データの入力位置を取得する

　シート上にデータを蓄積していく場合、縦、または横にどんどん新規のデータを入力していきます。マクロで値を入力する場合も同様で、まず、「新規データを入力するセル」をなんらかの方法で取得し、そのセルに対して値を入力していきます。
　このような特定列の新規データの入力位置を取得する場合には、「**Endプロパティ**」で取得できる「**終端セル**」を利用するのが便利です。

`列の最終セル.End(xlUP).Offset(1)`

　「終端セル」は、任意のセルを選択し、Ctrl＋［矢印キー］を押したときに選択される、「一連のセルの端」にあるセルです。ある列の最終行のセルから上方向の終端セルを取得すれば、それが「最後のデータの入力されているセル」なので、その1つ下のセルが「新規データの入力セル」となります。
　表形式の場合には、見出しとなるセル範囲を元に、現在の表全体の行数を数え、行数分だけ下方向にオフセットした位置が、新規レコード入力範囲となります。

`見出しセル範囲.Offset(表の行数)`

　表の行数を数える方法はいろいろありますが、「**CurrentRegionプロパテ**

ィ」表全体のセル範囲を取得し、その行数を「Rows.Count」で取得するのがお手軽です。

B列の新規データ入力セルを取得する

1つ目のマクロ「新規データ入力セル取得」では、「Cells(Cells.Rows.Count, "B")」で、B列の一番下のセルを取得し、End(xlUp)で上方向に走査して終端セルを取得。さらにOffset(1)で1行分下方向にあるセルを取得し、Selectメソッドで選択しています。

新規データの入力位置を取得する　　4-41：新規データの入力位置取得.xlsm

```
01  Sub 新規データ入力セル取得()
02      Dim lastRange
03      'B列の末尾のセルを取得し、その1行下のセルを選択
04      Set lastRange = Cells(Cells.Rows.Count, "B").End(xlUp)
05      lastRange.Offset(1).Select
06  End Sub
```

マクロ「新規レコード範囲取得」は、表の見出し行であるセルD2:F2を起点にし、入力済みの行数分、下方向にあるセルを取得することで、新規データの入力位置を選択しています。

新規レコード入力位置を取得する　　4-41：新規データの入力位置取得.xlsm

```
01  Sub 新規レコード範囲取得()
02      '見出しとなるセル範囲を元に新規レコード入力範囲を取得
03      With Range("D2:F2")
04          .Offset(.CurrentRegion.Rows.Count).Select
05      End With
06  End Sub
```

図2：マクロの結果

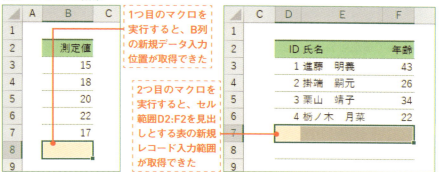

1つ目のマクロを実行すると、B列の新規データ入力位置が取得できた

2つ目のマクロを実行すると、セル範囲D2:F2を見出しとする表の新規レコード入力範囲が取得できた

日付の計算と入力

042 | 日付値から曜日の文字列を得る

図1：シリアル値から曜日の文字列を得る

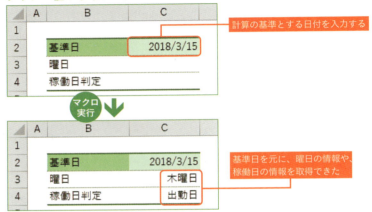

マクロで日付書式を扱う

　セルに入力した日付値は、書式（表示形式）の設定により、和暦表記にしたり、曜日表記にしたりと、表示方法を変化させることができます。
　VBAでもこの仕組みを利用するには、「**Format関数**」を利用します。Format関数は、1つ目の引数に指定した値を、2つ目の引数に指定した書式に変換した結果を返します。

```
Format(値, "表示形式文字列")
```

　表示形式文字列は、**セルの書式を「ユーザー設定」で設定するときとほぼ同じルールで指定可能**です。表示形式文字列次第で、さまざまな表記で値を取り出せますね。

表1：日付に関する表示形式文字列内で利用できるメタ文字

表記	表示形式文字列	表記	表示形式文字列
西暦	yyyy、yy	月	m、mm
和暦	ggge、gge、ge	日	d、dd
曜日	aaaa、aaa	時:分:秒	hh:mm:sなど

曜日の文字列を取り出す

4-42：日付値から曜日の文字列を得る.xlsm

```
01  Sub 曜日文字列取得()
02      MsgBox Format(#1/1/2018#, "aaaa")
03  End Sub
```

図2：マクロの結果

「2018年1月1日」のシリアル値を「aaaa」という曜日表記で変換し、「月曜日」という値を取り出せた

日付に関するワークシート関数をVBAで利用する

エクセルのワークシート関数の中には、日付値を扱うものも多く用意されています。これらをVBAから利用するには、**Application.WorksheetFunction**経由で利用します（P.90）。

次のコードは、稼働日かどうかを判定する、「**NETWORKDAYS.INTLワークシート関数**」をVBAから利用し、「水曜・土曜・日曜は休日」というルールで休日判定を行います。

曜日判定と休日判定を行う

4-42：日付値から曜日の文字列を得る.xlsm

```
01  Sub シリアル値計算()
02      '日付シリアル値から様々な情報を得る
03      Range("C3").Value = Format(Range("C2").Value, "aaaa")
04      Range("C4").Value = IIf( _
05          Application.WorksheetFunction.NetworkDays_Intl( _
06          Range("C2").Value, Range("C2").Value, "0010011"), _
07          "出勤日", "休日")
08  End Sub
```

図3：マクロの結果

日付を扱うワークシート関数をVBAから利用し、休日判定の結果を取得できた

日付の計算と入力

043 10日後や10カ月後の日付を得る

図1：シリアル値から曜日の文字列を得る

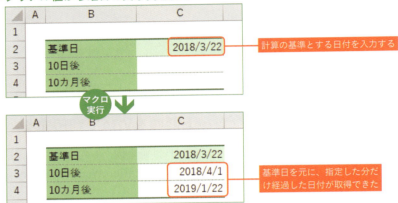

マクロでシリアル値ベースの計算を行う

　任意の日付を元に、「10日後」「1月後」などの日付を求める場合に便利なのが、「**DateAdd関数**」です。DateAdd関数は1つ目の引数に指定した方式で、3つ目の引数に指定した日付に、2つ目の引数の値の分だけ加算した日付を返します。

```
DateAdd(計算対象, 加算数, 日付)
```

表1：1つ目の引数に指定する文字列と対応する計算対象（一部抜粋）

計算対象	文字列
年	yyyy
月	m
日	d

　計算対象を指定する文字列には、いくつかのパターンを指定できますが、とりあえずは「**年 (yyyy)**」「**月（m）**」「**日（d）**」の3種類を押さえておきましょう。**DateAdd関数はシリアル値ベースの計算を行う**ため、月や年をまたぐ場合でも、きちんと翌月や翌年の日付を得ることができます。

セルに入力された日付の10日後、10カ月後の日付を得る

　セルC2の日付「2018/3/22」を基準に、10日後の日付をセルC3に、10か月後の日付をセルC4に入力するマクロです。5行目と6行目のDateAdd関数の第2引数と第3引数は同じ値ですが、第1引数を「"d"」にするか「"m"」にするだけで、異なる結果が得られていることがわかります。

日付の計算

4-43：日付値の計算.xlsm

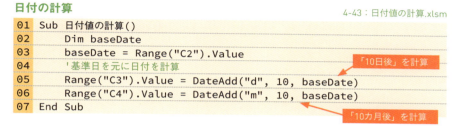

```
01  Sub 日付値の計算()
02      Dim baseDate
03      baseDate = Range("C2").Value
04      '基準日を元に日付を計算
05      Range("C3").Value = DateAdd("d", 10, baseDate)
06      Range("C4").Value = DateAdd("m", 10, baseDate)
07  End Sub
```

「10日後」を計算
「10カ月後」を計算

図2：マクロの結果

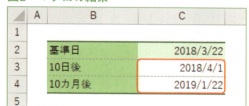

月や年度をまたぐような日付の計算でも、問題なく指定した日数/月数だけ経過した日付が得られた

ここもポイント ｜「10日前」や「10カ月前」の日付を求めるには

DateAdd関数を利用して、「10日前」や「10カ月前」の日付を求めるには、2つ目の引数に負の値を指定します。例えば、次のコードは、「2018年1月4日」の「10日前」の日付を求めます。

```
MsgBox DateAdd("d",-10,"1/4/2018")
```

コードの結果

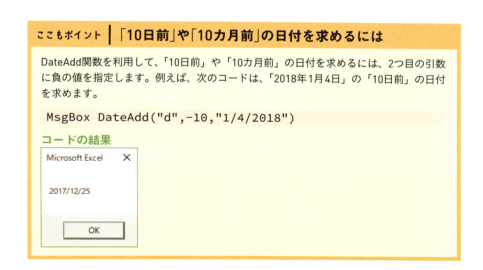

日付の計算と入力

044 | 月初日や月末日を得る

図1：特定の日を元に月初日や月末日を得る

	A	B	C
1			
2		基準日	2018/11/20
3		月初日	
4		月末日	
5		締め日(2月後の月末)	

計算の基準とする日付を入力する

マクロ実行

	A	B	C
1			
2		基準日	2018/11/20
3		月初日	2018/11/1
4		月末日	2018/11/30
5		締め日(2月後の月末)	2019/1/31

基準日を元に、月初日や月末日が取得できた

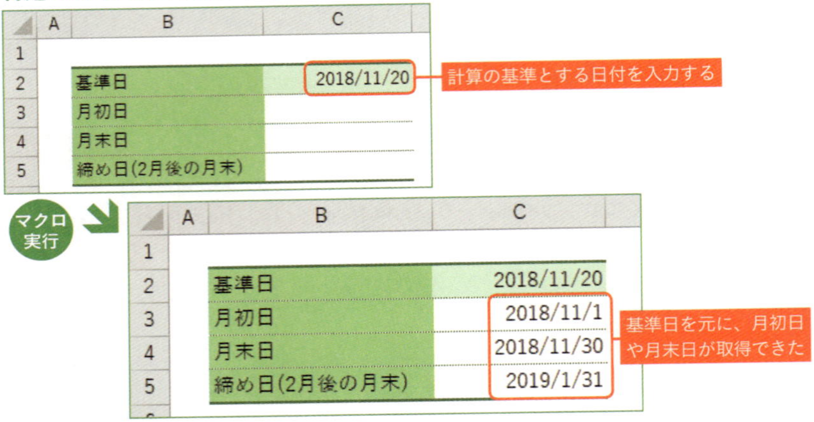

日付値から必要な情報だけ取り出して再計算する

任意の日付を元に、月初日や月末日を求めるには「**DateSerial関数**」が便利です。DateSerial関数は、引数に「**年**」「**月**」「**日**」の3つの数値を渡すと、その数値を元にシリアル値を返す関数です。ワークシート関数でいうところのDATE関数と同じ役割です。

DateSerial関数
```
DateSerial(年, 月, 日)
```

また、特定の日付値から「年」「月」「日」の数値を取り出すには、それぞれ「**Year関数**」「**Month関数**」「**Day関数**」を利用します。これらはワークシート関数に同名のものが用意されているので、イメージしやすいですね。この2つの仕組みを組み合わせ、任意の日付を元に、「年」「月」の値を取り出し、月初日の日付である「1」と組み合わせると、月初日が求められます。

DateSerial関数で基準日の月初日を求める
```
DateSerial(Year(基準日), Month(基準日), 1)
```

また、DateSerial関数は、年月日に指定した値を「繰り上げて」日付値を計算してくれる仕組みも持っています。例えば、「月」の数値に「13」と指定すると、それは、「翌年の1月」に繰り上げて計算を行ってくれます。この仕組みを利用すると、次のコードで、必ず基準日の「1カ月後」の月初日を得られます。

DateSerial関数で基準日の1か月後の日付を求める
```
DateSerial(Year(基準日), Month(基準日)+1, 1)
```

さらに、得られた1カ月後の月初日から、「1（シリアル値で1日を表す）」だけ減算すれば、当月の月末日が得られます。

DateSerial関数で基準日当月の最終日を求める
```
DateSerial(Year(基準日),Month(基準日)+1, 1)-1
```

セルの値を元に月初日や月末日を求める

セルC2の日付を基準日とし、5行目で基準日当月の1日、6行目で基準日当月の最終日、7行目で基準日から2か月後の最終日を求めています。DateAdd関数を使うことで、このように複雑な条件の日付を簡単に求めることが可能です。

月初日・月末日の計算　　　　　　　　　　　　　　　4-44：月初日月末日取得.xlsm

```
01  Sub 月初日月末日の計算()
02      Dim base
03      base = Range("C2").Value
04      '基準日を元に日付を計算
05      Range("C3").Value = DateSerial(Year(base), Month(base), 1)
06      Range("C4").Value = DateSerial(Year(base), Month(base) + 1, 1) - 1
07      Range("C5").Value = DateSerial(Year(base), Month(base) + 3, 1) - 1
08  End Sub
```

図2：マクロの結果

2	基準日	2018/11/20
3	月初日	2018/11/1
4	月末日	2018/11/30
5	締め日(2月後の月末)	2019/1/31

DateSerial関数の仕組みを利用して、月初日や月末日、締め日などの日付を計算できた

データの整形

045 コピーしてきたカンマ区切りのデータを列ごとに配分する

図1：カンマを基準にデータを展開(パース)する

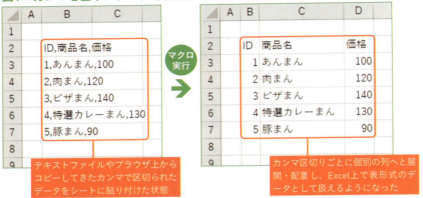

特定ルールで区切られたデータを展開(パース)する

　ほかのアプリケーションから出力したテキストファイルや、Web上のデータの中には、カンマ区切りで列記された状態のものが多くあります。このような形式のデータをExcel上で表形式のデータとして扱えるように展開するには、シート上に一括コピーした上で、**TextToColumnsメソッド**を利用するのがお手軽です。

TextToColumnsメソッド
```
データのセル範囲.TextToColumns DataType:=xlDelimited,
Comma:=True
```

　表形式に展開したデータを手軽に見やすくするには、**AutoFitメソッド**を利用して、セル幅を自動調整するのもおすすめです。

AutoFitメゾット
```
データの起点セル.CurrentRegion.EntireColumn.AutoFit
```

　あとは書式を整えれば、より見やすいデータとして活用できますね。

セル範囲B1:B7のデータをカンマ区切りでパースする

次のマクロでは、カンマ区切りで値が列記されたいわゆるCSV（comma separated value）形式のデータを、TextToColumnsでセルB2:B7に展開（パース）しています。6行目の**EntireColumnプロパティ**は、対象のセル範囲を含む列全体のRangeオブジェクトを返します。これは、AutoFitメソッドを実行するには、列全体のオブジェクトが必要だからです。

カンマ区切りでパースする　　　　　　　　4-45：カンマ区切りのデータをパース.xlsm

```
01  Sub カンマ区切りでパース()
02      'カンマ区切りでパース
03      Range("B2:B7").TextToColumns _
04          DataType:=xlDelimited, Comma:= True
05      'パースしたデータが見えるように列幅を自動調整
06      Range("B2").CurrentRegion.EntireColumn.AutoFit
07  End Sub
```

図2：マクロの結果

	A	B	C	D
1				
2		ID	商品名	価格
3		1	あんまん	100
4		2	肉まん	120
5		3	ピザまん	140
6		4	特選カレーまん	130
7		5	豚まん	90

> セル範囲B2:B7に入力されていた、カンマ区切りのデータを、カンマを区切り文字として判定し、3列の表として展開できた。さらに、展開した表の列幅を自動調整し、データを見やすくできた。

ここもポイント ｜ ほかの特定の文字を区切り文字に指定してパース

カンマ以外を区切り文字として指定したい場合には、引数Otherに「True」を指定した上で、引数「OtherChar」に区切り文字を指定します。次のコードは、区切り文字を「@」としてデータをパースします。

```
セル範囲.TextToColumns  DataType:=xlDelimited,
Other:=True,, Semicolon:=TrueOtherChar:="@"
```

なお、区切り文字が「タブ文字」と「セミコロン」のケースはよくあるので、専用の引数が用意されています。引数Otherの指定は行わずに、それぞれ引数「Tab」と「Semicolon」に「True」を指定して実行しましょう。

```
セル範囲.TextToColumns  DataType:=xlDelimited,
Tab:=True, Semicolon:=True
```

データの整形

046 「1-10」を、「1月10日」に変換されないように分割

図1：データ型を指定して展開(パース)する

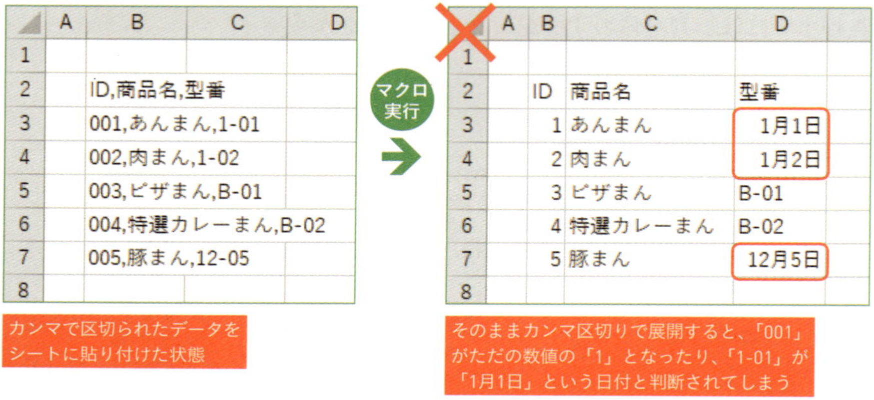

	A	B	C	D
1				
2		ID,商品名,型番		
3		001,あんまん,1-01		
4		002,肉まん,1-02		
5		003,ピザまん,B-01		
6		004,特選カレーまん,B-02		
7		005,豚まん,12-05		
8				

カンマで区切られたデータをシートに貼り付けた状態

マクロ実行 ➡

	A	B	C	D
1				
2		ID	商品名	型番
3		1	あんまん	1月1日
4		2	肉まん	1月2日
5		3	ピザまん	B-01
6		4	特選カレーまん	B-02
7		5	豚まん	12月5日
8				

そのままカンマ区切りで展開すると、「001」がただの数値の「1」となったり、「1-01」が「1月1日」という日付と判断されてしまう

マクロでデータを展開する際にデータ型を指定する

前ページのテクニックを使用し、TextToColumnsメソッドでデータを展開する際、本来は文字列として認識してほしいデータが、単なる数値や日付として展開されてしまう場合があります。このようなケースでは、**引数FieldInfo**を利用して、**列ごとのデータ型を指定**して展開しましょう。

引数FieldInfoで列ごとのデータ型を指定する
```
セル範囲.TextToColumn FieldInfo:=データ型の指定情報
```

データ型の指定方法は、少々複雑です。次のようなルールで、**Array関数の引数として、さらに「列番号」と「データ型」を列記したArray関数を記述**します。

引数FieldInfoのデータ型指定方法
```
Array(Array(1, 1列目のデータ型), Array(2, 2列目のデータ型)…)
```

このとき、データ型の指定は、次表の定数を利用します。

表1：データ型の指定に利用できる定数（抜粋）

定数	値	データ型	定数	値	データ型
xlGeneralFormat	1	自動判定	xlYMDFormat	5	YMD日付形式
xlTextFormat	2	文字列	xlSkipColumn	9	読み込まない

　少々複雑ですが、1つ1つの列について、「Array(列番号, データ型)」という形式で指定を行い、最後にそれらの列ごとの指定を、さらにArray関数でまとめる、というイメージで指定してみましょう。

セル範囲データ型を指定してB1:B7の値をパースする

　では実際にデータ型をしてして、CSV形式のデータをパースしてみましょう。左ページの例のようにIDと型番が誤って読み込まれないように、すべての列を文字列として展開しています。

データ型を指定してパースする　　　　　　　　4-46：データ型を指定して展開.xlsm

```
01  Sub データ型を指定してパース()
02      Range("B2:B7").TextToColumns _
03          DataType:=xlDelimited, Comma:=True, _
04          FieldInfo:=Array( _
05              Array(1, xlTextFormat), _
06              Array(2, xlTextFormat), _
07              Array(3, xlTextFormat))
08      'パースしたデータが見えるように列幅を自動調整
09      Range("B2").CurrentRegion.EntireColumn.AutoFit
10  End Sub
```

図2：マクロの結果

	A	B	C	D
1				
2		ID	商品名	型番
3		001	あんまん	1-01
4		002	肉まん	1-02
5		003	ピザまん	B-01
6		004	特選カレーまん	B-02
7		005	豚まん	12-05
8				

1、2、3列目をすべて「文字列」設定で展開した結果。「001」や「1-01」といった値が、数値や日付値に自動変換されずに文字列として展開されている

ここもポイント　外部データを取り込む方法とバージョンによる動作の違い

既存のデータを利用する場合には、コピーして貼り付けるほかにも、[データ]タブ内の機能を使って、外部のテキストファイルやデータベースから直接データを読み込む方法も用意されています。

実はこの外部データを読み込む機能は、Office 365サブスクリプションを利用している場合と、そうでない場合で操作方法が大きく異なります。Office 365サブスクリプションを利用し、アップデート（2017年3月のOffice 365の更新）を適用している場合には、[データ]タブ内に[データの取得と変換]欄が用意され、こちらの各種ボタンから、「Power Query」という仕組みを起動して外部データを取り込みます。

図1：Office 365アップデート後の[データ]タブ

対して、それ以前のバージョンの場合には、[データ]タブ内の[外部データの取り込み]欄の各種ボタンから、取り込みたいデータやファイルの形式に応じたウィザードを起動して外部データを取り込みます。

どちらでも外部データを取り込む際の文字コードや、区切り文字、データの形式（文字列か日付値かなど）を細かく指定してデータを取り込めます。

なお、Power Queryを利用した取り込み形式にアップデート後も、以前のウィザード形式での取り込み機能を利用したい場合には、[ファイル]-[オプション]を選択して[Excelのオプション]ダイアログボックス表示後に、左端から[データ]を選択し、[レガシデータインポートウィザードの表示]欄の各種チェックマークを付けましょう。こうすると、[データ]-[データの取得]に、[従来のウィザード]という選択項目が表示されるようになり、そこから従来の機能を利用してデータを取り込めます。

これらの機能を、[マクロの記録]機能を利用して記録すると、マクロを使って外部データを一発で読み込む、なんて処理も作成できますね。

Chapter 5

データをすばやく
正確に修正する

7 よく使う表のパターンをマクロでコピーする

図1：特定の日を元に月初日や月末日を得る

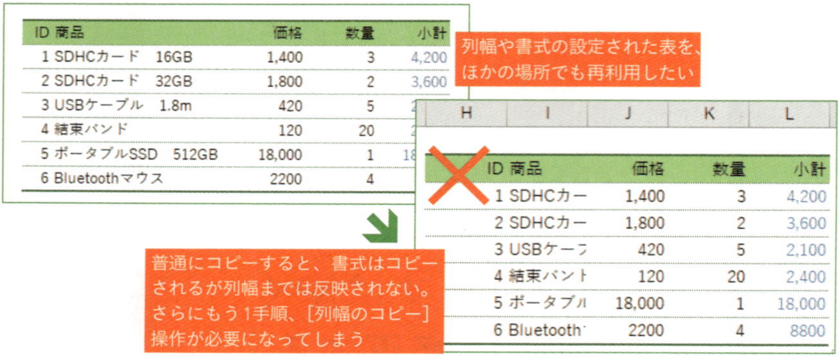

列幅や書式の設定された表を、ほかの場所でも再利用したい

普通にコピーすると、書式はコピーされるが列幅までは反映されない。さらにもう1手順、[列幅のコピー]操作が必要になってしまう

■ マクロで列幅も含めてコピーする

　既存の表を再利用するために別のセルにコピーすると、値の数式、書式はそのまま持って来れますが、列幅だけはコピーされません。列幅まで反映させるには、少し手をかけた操作が必要です。

　そこで、マクロを利用して列幅も含むコピー操作を、1手順で行えるようにしましょう。貼り付け操作と、列幅の貼り付け操作、この2手順の操作を1つのマクロにまとめてしまえばOKです。任意のセルを基準に貼り付け操作を行うには、「**PasteSpecialメソッド**」の引数「**Paste**」に「**xlPasteAll**」を指定します。

コピーしたセルのすべての要素を貼り付ける
```
貼り付け先セル.PasteSpecial Paste:=xlPasteAll
```

　同じく、列幅のコピーは、引数「**Paste**」に「**xlPasteColumnWidths**」を指定します。

コピーしたセルの列幅だけ貼り付ける
```
貼り付け先セル.PasteSpecial Paste:=xlPasteColumnWidths
```

この2つの処理を1つのマクロにまとめれば完成です。

列幅も含めてコピーする

あらかじめ元の表をコピーし、貼り付けたい場所にカーソルを移動した状態でこのマクロを実行すると、2行目でコピーした表を、3行目で元の表の列幅を貼り付けます。

列幅も含めてコピー　　　　　　　　　　　　　　　5-47：列幅も含めてコピー.xlsm

```
01  Sub 列幅も含めて表をペースト()
02      ActiveCell.PasteSpecial Paste:=xlPasteAll
03      ActiveCell.PasteSpecial Paste:=xlPasteColumnWidths
04  End Sub
```

図2：マクロの結果

	G	H	I	J	K	L
1						
2		ID	商品	価格	数量	小計
3		1	SDHCカード　16GB	1,400	3	4,200
4		2	SDHCカード　32GB	1,800	2	3,600
5		3	USBケーブル　1.8m	420	5	2,100
6		4	結束バンド	120	20	2,400
7		5	ポータブルSSD　512GB	18,000	1	18,000
8		6	Bluetoothマウス	2200	4	8800

> セルH1を選択してマクロを実行した結果。元の表の列幅まで含めてコピーができた

表の再利用を頻繁に行う場合には、作成したマクロを、ショートカットキーキー（P.310）やクイックアクセスツールバーに追加（P.308）しておくと、さらに便利に活用できるでしょう。

ここもポイント｜表の見出し以外の部分を消去する処理と組み合わせても便利

表を再利用する用途でコピーを行う場合には、コピーした表の見出し行だけ残し、データ部分はクリアしてしまいたい場合もあります。そのような場合には、下記のようなコードを付け加え、2行目以降の内容のうち、数式以外の値が入力されている部分をクリアしてもいいでしょう。

```
'2行目以降の数式以外の値が入力されているセルの内容をクリア
With ActiveCell.CurrentRegion
    .Rows("2:" & .Rows.Count) _
    .SpecialCells(xlCellTypeConstants).ClearContents
End With
```

コピー&ペースト

048 数式を一発で値に置き換える

図1：数式の結果を値に置き換える

関数や数式を利用して、必要な値や計算結果を表示しているセル範囲

マクロ実行

計算の結果のみが必要な場合は、数式ではなく結果そのものの「値」として確定してしまったほうが軽いブックとなる

■ マクロで数式を結果の値に一括変換

　シート上で数式や関数式を利用して計算を行ったり、値を取り出したりする場合、最終的に必要なのは「値」そのものであり、計算式は特に必要ないことがあります。例えば、「住所から都道府県名を取り出す」「消費税の計算を行う」などは、あとで数式を再利用するつもりがなければ、「値」のみを確定してしまったほうが、計算処理の少ない「軽い」ブックになります。また、実際の取引を記録した伝票であれば、あとで変更してしまう可能性のある数式ではなく、取引時の実際の数値を確定しておいたほうが、より正確な書類となります。

このようなケースでは、**数式の入力されているセル範囲をコピー**し、同じ範囲に、**「値のみ貼り付け」機能で貼り付ける**のがお手軽です。

セル範囲のコピーと値のみ貼り付け
```
セル範囲.Copy
セル範囲.PasteSpecial Paste:=xlPasteValues
```

選択範囲の数式を一括で値に変換

あらかじめセルを選択した状態でマクロ「値のみ貼り付け」を実行すると、選択範囲をコピーし、選択範囲にコピーしたデータを値のみ貼り付けします。5行目のコードは、エクセルのコピー・切り取りモードを解除する命令です。

数式を一括で値に変換　　　　　　　　　　　　　　5-48：値のみコピー.xlsm
```
01  Sub 値のみ貼り付け()
02      '数式の入力されている範囲を値に変換
03      Selection.Copy
04      Selection.PasteSpecial Paste:=xlValues
05      Application.CutCopyMode = False
06  End Sub
```

図2：マクロの結果

選択範囲の数式を一括で値に変換できた

ここもポイント｜指定セル範囲に数式以外の値が入力されていても結果は同じ

数式と固定の値が混在しているようなセル範囲の場合、数式の入力されているセルだけを選択してからコピーを行いたくなりますが、その必要はありません。
ざっくり大まかなセル範囲を指定して、コピー＆値のみ貼り付けを行えば、固定の値が入力されているセルは、同じ値が上書きされるのみで、値は変わりません。結果として、数式の入力されているセルのみが、固定の値に変換されます。

コピー&ペースト

049 書式のみを引き継ぐ

図1：マクロで値を入力すると表の書式を引き継がない

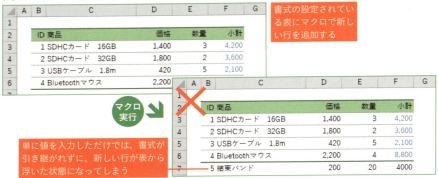

マクロで既存の書式を適用する

表形式で入力された表に新規データを追加しても場合、新しい行には書式が引き継がれることはありません。結果、新たに入力した行が表から「浮いた」状態になってしまいます。

このような場合には、オートフィル機能をマクロから利用する「**AutoFillメソッド**」が便利です。

AutoFillメソッド

```
基準セル範囲.AutoFill Destination:=適用セル範囲,
Type:=xlFillFormats
```

AutoFillメソッドは、2つ目の引数「**Type**」に「**xlFillFormats**」を指定すると、「**書式のみオートフィルでコピー**」する設定になります。この仕組みを利用して、表に新規データを追加する場合には、「データ追加範囲の1行上のセル範囲（現行の最終行のセル範囲）の書式をフィルして引き継ぐ」ようにすれば、新規データも表から浮くようなことにはなりません。

また、表の最終行だけ特別な書式を設定している場合には、さらに、「元・最終行の書式を、その1行上のセル範囲から引き継ぐ」処理も追加しておけば、表の見た目を崩すことなく新規データを追加できますね。

新規データ行に書式を設定する

　表に新たに追加した行に、マクロで書式を設定してみましょう。4行目で元・最終行の書式を新たに追加した行にオートフィルで複製し、6行目で元・最終行の書式をさらに1つ上の行の書式をオートフィルで複製することでコピーしています。

書式のみフィル　　　　　　　　　　　　　　　　　　5-49：書式のみフィル.xlsm

```
01  Sub 書式のみフィル()
02      With Range("B7:F7")
03          '元・最終行の書式を新規データ範囲にフィルして適用
04          .Offset(-1).AutoFill _
05           Range(.Offset(-1), .Cells), xlFillFormats
06          '元・最終行の書式を1つ上のセル範囲からフィルして適用
07          .Offset(-2).AutoFill _
08           Range(.Offset(-2), .Offset(-1)), xlFillFormats
09      End With
10  End Sub
```

図2：マクロの結果

	A	B	C	D	E	F
1						
2		ID	商品	価格	数量	小計
3		1	SDHCカード　16GB	1,400	3	4,200
4		2	SDHCカード　32GB	1,800	2	3,600
5		3	USBケーブル　1.8m	420	5	2,100
6		4	Bluetoothマウス	2,200	4	8,800
7		5	結束バンド	200	20	4,000

新規データ入力範囲、元・最終行にそれぞれ「1つ上のセル範囲の書式」のみをオートフィルでコピーすることで、表の見た目を保ったまま入力できた

7〜8行目の命令で書式設定
4〜5行目の命令で書式設定

　上記のマクロでは「With Range("B7:F7")」のように、書式を設定する行を固定しています。これをマクロで自動取得するには、新規入力位置をOffsetプロパティで得るテクニック（P.96参照）を応用して、次のように記述します。

```
01  Sub 設定範囲を自動取得して書式のみフィル
02      Dim rowsnum
03      rowsnum = Range("B2").CurrentRegion.Rows.Count - 1
04      With Range("B2:F2").Offset(rowsnum)
```

ここもポイント　｜　名前付き引数名の省略

本文中のマクロでは、AutoFillメソッドの名前付き引数名を省略入力しています。

フリガナと文字列整形

050 並べ替えがうまくいかないときは フリガナを一括消去する

図1：フリガナ設定のために意図したように並べ替えできない

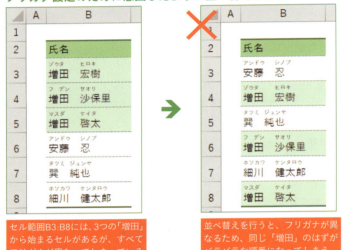

セル範囲B3:B8には、3つの「増田」から始まるセルがあるが、すべてフリガナが異なってしまっている

並べ替えを行うと、フリガナが異なるため、同じ「増田」のはずがバラバラな順番になってしまう

マクロでフリガナを一括消去

　氏名や商品名を入力する場合、同じ値に見えるセルでも、入力方法によってフリガナが異なる場合があります。例えば、同じ「増田」という値でも「マスダ」であったり、「ゾウデン」であったり、あるいは、テキストファイルなどからコピー入力したためにフリガナがない場合もあります。

　このようなケースで並べ替えを行うと、フリガナが異なるために、意図した順番に並べ替えられなくなります。そこで、余分なフリガナを消去しようと思うと、手作業ではなかなかに手間がかかります。

　こんなときは、**フリガナを消去したいセル範囲のValueプロパティに、Valueプロパティの値を上書きしてあげるだけでOK**です。Valueプロパティはフリガナの情報までは持っていないため、結果的にフリガナなしの値を一括で上書きすることになります。

セル範囲B3:B8からフリガナを一括消去

次のマクロでは、フリガナが設定されているセル範囲B3:B8のRangeオブジェクトを4行目で作り、5行目でValueプロパティに同じオブジェクトのValueプロパティを代入しています。これでフリガナが削除されます。

フリガナの一括消去　　　　　　　　　　　　　　　5-50：フリガナを一括消去.xlsm

```
01  Sub フリガナを消去()
02      Dim rng
03      '対象セル範囲をセットしてValueで上書き
04      Set rng = Range("B3:B8")
05      rng.Value = rng.Value
06  End Sub
```

図2：マクロの結果

マクロを実行すると、フリガナをまとめて消去できた

並べ替えを行っても、3つの「増田」が意図通りに並ぶようになった

対象のセル範囲を柔軟に変更したい場合は、次のようにSelectionプロパティのValueプロパティを使用するコードにするとよいでしょう。セルを選択した状態でこのマクロを実行すると、選択したセルのフリガナが削除されます。

選択したセルのフリガナを削除　　　　　　　　　　　5-50：フリガナを一括消去.xlsm

```
Sub 選択したセルのフリガナを削除()
    Selection.Value = Selection.Value
End Sub
```

ここもポイント｜フリガナは別の列に表記するなどのルールの作成

「同じ文字だけれども読み方が違う名字」などを扱う場合には、フリガナの情報が重要になってきます。その場合、漢字を含むセルには正確にフリガナを持たせるのか、それとも別の列にフリガナのみを入力するのか、というルールを最初に決めておき、最低も同一ブック内ではそのルールを徹底する、などの運用を心がけましょう。

フリガナと文字列整形

051 漢字にフリガナを一括で設定する

図1：自動的にフリガナを振る

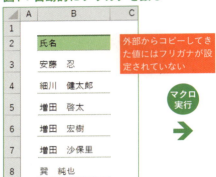
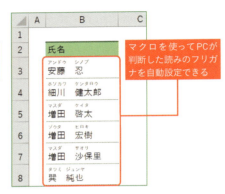

フリガナをまとめて「SetPhonetic」で設定

　テキストファイルや他のアプリからコピーしてきたデータには、フリガナの情報は含まれていません。これらのセル範囲にフリガナを自動的にセットしたい場合には、**SetPhoneticメソッド**を利用します。

SetPhoneticメソッド
```
セル範囲.SetPhonetic
```

　SetPhoneticメソッドでは、**Excelに入力されている値から、自動的に判断したフリガナをセルに振ります**。必ずしも意図通りの「正しい」フリガナになるとは限りませんが、一括して広範囲のセルにフリガナを振れる便利なテクニックです。
　また、フリガナ文字列の取得のみをしたい場合には、「Application.GetPhoneticメソッド」の引数に、文字列を渡します。

Application.GetPhoneticメソッド
```
Application.GetPhonetic(文字列)
```

　こちらは、引数の指定した文字列のフリガナを自動判断して返します。

セル範囲B3:B8にフリガナを一括付加

1つ目のマクロ「フリガナを付加」では、指定したセルのRangeオブジェクトからSetPhoneticメソッドを実行することで、フリガナを設定しています。「Range("B3:B8")」の部分をSelectionに置き換えれば、選択したセルにフリガナを設定することも可能です。

フリガナを自動で振る
5-51：フリガナを自動で振る.xlsm

```
01  Sub フリガナを付加()
02      '対象セル範囲に自動的にフリガナ付加
03      Range("B3:B8").SetPhonetic
04  End Sub
```

2つ目のマクロ「隣の列にフリガナ記入」では、セルB3:B8の文字列からフリガナを自動判断して取得し、右隣のセルに記入しています。Application.GetPhoneticメソッドは引数に文字列を取るため、For Each Nextステートメント（P.130参照）で1つ1つのセルを取り出して、各セルの文字列を引数として与えています。

隣のセルにフリガナ文字列を入力
5-51：フリガナを自動で振る.xlsm

```
01  Sub 隣の列にフリガナ記入()
02      Dim rng
03      For Each rng In Range("B3:B8")
04          '右隣のセルにフリガナ文字列を入力
05          rng.Offset(0, 1).Value = Application.GetPhonetic(rng.Value)
06      Next
07  End Sub
```

図2：マクロの結果

フリガナと文字列整形

052 カタカナのみを全角にする

図1：半角英数字とカタカナ交じりの型番

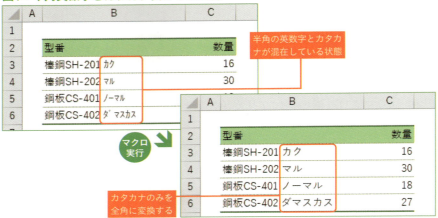

マクロでカタカナのみを全角に

　型番などを扱う際に、「英数字は半角、カタカナは全角」というルールで表記したい場合があります。全角・半角を一括で統一するのは、P.122のStrConv関数を利用した方法で可能なのですが、カタカナのみを全角にすることはできません。

　そこで、PHONETICワークシート関数の「フリガナの登録されていない漢字や英数字は、そのままの値を表示する」「半角カタカナの場合は全角カタカナで表示する」という仕組みを利用しましょう。「**フリガナ情報を消去してから、PHONETICワークシート関数でフリガナを取得する**」という操作で、「英数字は半角、カタカナは全角」というルールでの表記へと変換できます。一連の操作をマクロにすると、次のようになります。

フリガナ情報を削除してからPHONETIC関数を適用
```
セル.Value = セル.Value
セル.Value = Application.WorksheetFunction.Phonetic(セル)
```

　ループ処理と組み合わせれば、広い範囲も一気に変換できますね。

セル範囲B3:B6をカタカナのみ全角に変換

次のマクロではFor Each Nextステートメント（P.130参照）を利用して、セルB3:B6に対して1つずつセルを取り出し、5行目でフリガナ情報を削除、7行目でPHONETICワークシート関数でフリガナを取り出してセルに入力する操作を行っています。

対象となるセルを柔軟に変更したい場合は、3行目の「Range("B3:B6")」をSelectionに置き換え、任意のセルを選択してから実行するといいでしょう。

カタカナのみを全角に　　　　　　　　　　　　　　5-52：カタカナのみ全角に.xlsm

```
01  Sub カタカナのみ全角に()
02      Dim rng
03      For Each rng In Range("B3:B6")
04          'フリガナを消去
05          rng.Value = rng.Value
06          'フリガナを利用してカタカナのみ全角に
07          rng.Value = Application.WorksheetFunction.Phonetic(rng)
08      Next
09  End Sub
```

図2：マクロの結果

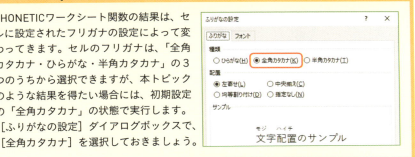

マクロにより、カタカナのみを全角に変換できた

ここもポイント ｜ 結果はフリガナの設定によって変わる

PHONETICワークシート関数の結果は、セルに設定されたフリガナの設定によって変わってきます。セルのフリガナは、「全角カタカナ・ひらがな・半角カタカナ」の3つのうちから選択できますが、本トピックのような結果を得たい場合には、初期設定の「全角カタカナ」の状態で実行します。

［ふりがなの設定］ダイアログボックスで、［全角カタカナ］を選択しておきましょう。

フリガナと文字列整形

053 全角・半角やひらがな・カタカナを統一する

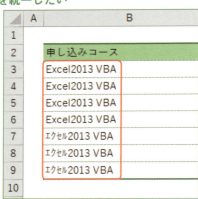

図1：異なる様式の文字が混在している状態を統一したい

全角・半角の英数字、さらに、ひらがなとカタカナの表記が混在している状態

英数字はすべて半角に統一し、ひらがな・カタカナは、すべて半角のカタカナに統一できた

📗 マクロで表記を統一

　同じものを意図しているのに、英数字の全角・半角や大文字・小文字、そして、ひらがな・カタカナの表記が異なるために、集計してみると違うものとして区別されてしまう場合があります。このような場合は、**StrConv関数**を利用して表記の統一をしましょう。

StrConv関数

StrConv(文字列, 統一方法)

　StrConv関数の2つ目の引数には、表記の統一方法を右ページの定数を使って指定します。定数は、いくつかの要素ごとに複数パターンずつ用意されています。複数の要素を組み合わせて指定したい場合には、定数を「+」でつないで記述すればOKです。例えば、「全角でカタカナ」の場合に指定する定数は、「vbWide + vbKATAKANA」となります。

表1：指定できる定数と形式

要素	定数	形式
大文字/小文字	vbUpperCase	大文字
	vbLowerCase	小文字
	vbProperCase	英単語の先頭のみ大文字
全角/半角	vbWide	全角
	vbNarrow	半角
ひらがな/カタカナ	vbHiragana	ひらがな
	vbKatakana	カタカナ

セル範囲B3:B6をカタカナのみ全角に変換

　StrConv関数を使い、5行目でセルB3:B9のテキストを半角にできるものはすべて半角にし、ひらがなをカタカナに統一してます。次の6行目でPHONETICワークシート関数の仕組み（P.120）を使い、半角カタカナを全角カタカナに変換しています。

半角・カタカナに統一　　　　　　　　　　　　　　5-53：全半角の統一.xlsm

```
01  Sub 形式を統一()
02      Dim rng
03      For Each rng In Range("B3:B9")
04          '半角・カタカナに統一後、カタカナのみを全角に統一
05          rng.Value = StrConv(rng.Value, vbNarrow + vbKatakana)
06          rng.Value = Application.WorksheetFunction.Phonetic(rng)
07      Next
08  End Sub
```

図2：マクロの結果

2	申し込みコース
3	Excel2013 VBA
4	Excel2013 VBA
5	Excel2013 VBA
6	Excel2013 VBA
7	エクセル2013 VBA
8	エクセル2013 VBA

マクロにより、表記の統一ができた。StrConv関数で半角・カタカナに統一後、PHONETICワークシート関数の仕組み（P.120）を利用してカタカナのみを全角にしている

ここもポイント｜さらに置換で統一しよう

「Excel」と「エクセル」を統一したい場合には、さらに置換機能やReplaceメソッド（P.132）を利用して統一してみましょう。

フリガナと文字列整形

054 日付値変換されてしまった文字列を元に戻す

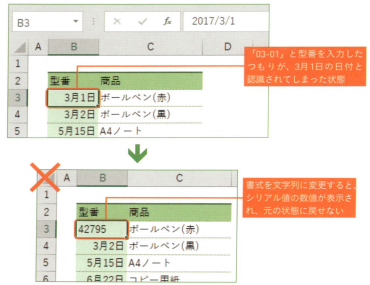

図1：日付と判断された値はシリアル値として認識されてしまっている

マクロで書式を文字列に変更してシリアル値を変換

　Excelユーザーなら、「03-01」という型番のつもりで入力やコピーした値が、「3月1日」になってしまった、というケースに遭遇することがよくあるでしょう。これは、Excelが自動的に日付と判断するためですが、ここで困るのが日付に変換されてしまうと、その値はシリアル値となってしまう点です。そのため、慌ててあとからセルの書式を「文字列」に変更しても、シリアル値の数値が表示され、元の「03-01」という値とはかけ離れた表示になってしまいます。

　こんなときは、マクロでセルの書式を文字列に設定した上で、**Format関数**（P.98）を利用して、セルの値（シリアル値）を元に、必要な日付の情報のみを抜き出した表記を取得し、再入力してみましょう。

シリアル値から必要な文字列を作成

　次のマクロでは、4行目でシリアル値から月と日付を取り出し、「2桁の月-2桁の日付」という文字列を作っています。しかしこのコードだけでは、最初に手入力したときと同様、シリアル値として判定されてしまいます。そこで必要となるのが、3行目ののNumberFormatプロパティです。NumberFormatはセルの表示形式を設定するプロパティで、「"@"」を代入すると、セルの表示形式が「文字列」に設定されます。

シリアル値から型番に変換　　　　　　　　　　5-54：シリアル値の情報取得.xlsm

```
01  Sub シリアル値から型番に変換()
02      '選択セルの書式を「文字列」にして必要な形式で日付を編集
03      ActiveCell.NumberFormat = "@"
04      ActiveCell.Value = Format(ActiveCell.Value, "mm-dd")
05  End Sub
```

図2：マクロの結果

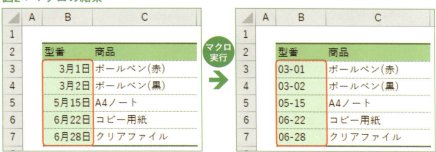

上記マクロをセル範囲B3:B7に個々に適用したところ。書式を文字列に変後に、日付シリアル値を元に「2桁の月数-2桁の日数」という形式の文字列を取得し、セルへと再代入することで、意図した文字列に修正できた

ここもポイント ｜ **地道に月数や日数を取り出して連結する方法も**

シリアル値からは、Month関数やDay関数で月数や日数を取り出すことも可能です。この値を連結して文字列を作成する方法で目的の文字列を作成してもいいでしょう。具体的には次のようなコードとなります。

```
Sub MonthとDayで型番に変換()
    ActiveCell.NumberFormat = "@"
    ActiveCell.Value = Month(ActiveCell.Value) & "-" & Day(ActiveCell.Value)
End Sub
```

データの削除

055 請求書を一発で初期状態にする

図1：特定のセル範囲をまとめてクリアしたい

既存の請求書帳票を再利用するために、特定のセルの値のみを安全に一括クリアしたい

■ マクロで書式を文字列に変更してシリアル値を変換

　見積書や請求書などの帳票を作成する場合には、過去にあった似た取引の帳票を修正して再利用する場合があります。このようなケースでは、以前に入力した値をクリアしてから再利用するのですが、数式を利用して計算や表示を行っているシートの場合、うっかりその部分をクリアしてしまうと、正しく表示されなくなってしまう事態に陥ります。

　そこで、再利用をする帳票に応じて、あらかじめ特定のセル範囲のみをまとめてクリアするマクロを作成しておけば、安全・確実に意図したセル範囲のみの値をクリアできます。

ClearContentsメソッド

```
セル範囲.ClearContents
```

　特定のセル範囲の値だけをクリアするには、セル範囲を指定して、「**ClearContentsメソッド**」を使用すればOKです。

請求書内の特定セル範囲を一括クリア

ClearContentsメソッドを使うと、Rangeオブジェクトの持つセル範囲から入力されている値をまとめて削除できます。**書式やセル自体は削除されません**。Rangeプロパティには下記のコードのように、離れているセルも「,（カンマ）」で区切ることで指定することができます。

特定セル範囲のクリア

5-55：セルのクリア.xlsm

```
01  Sub  セルの内容をクリア()
02        '必要な箇所のみをクリア
03        Range("E1:E2,B4,C9:E9,B12:D16").ClearContents
04  End Sub
```

図2：マクロの結果

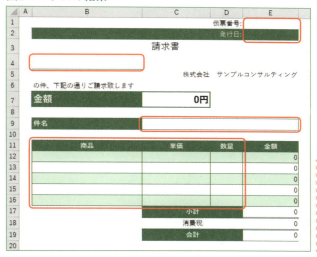

シート内の特定のセル範囲のみをクリアしたところ。変更したくない数式の入力されている部分はそのまま再利用できる状態で帳票を初期化できた

ここもポイント｜目的のセル範囲のアドレスを知る方法

操作対象として指定するセル範囲のアドレス文字列を作成するのが面倒な場合には、まず、実際にクリアしたいセル範囲のみを、Ctrlキーを押しながらクリックやドラッグして複数範囲選択した状態で、イミディエイトウィンドウ（P.70）に「? Selection.Address」と入力してEnterキーを押してみましょう。すると、次の行にアドレス文字列が表示されます。このアドレス文字列をRange（アドレス文字列）の形で利用すれば、手軽に目的のセル範囲を操作対象に指定できます。

特に帳票系の場合にはセルの結合をしている箇所もあるので、実際に選択→Addressで取得というパターンで作業を行ったほうが、手軽で確実です。

データの削除

056 表内の1レコード分を選択・削除する

図1：特定の表内の1列を選択したい

表形式のデータ内から、現在選択しているセルのある行全体だけを選択したい

目的のセル範囲を選択できた

マクロで表形式のセル範囲の1行分のみを選択する

　表形式でデータを管理している場合、1固まりのデータ（1レコード分のデータ）は、その表の中での1行全体となります。そのため、クリアや削除を行う際にも表内での特定行が基本の作業単位になります。

　このようなケースでは、一発で現在選択しているセルを元に、「1レコード分だけ」のセル範囲が取得できる仕組みがあると便利です。この仕組みを、アクティブセル領域を取得できる**CurrentRegionプロパティ**を利用して作成してみましょう。

　なお、選択するのではなく、削除したい場合には、マクロ中の「rng.Select」の箇所を、「rng.Delete」に変更してください。

表内の1レコード分のセル範囲のみを選択

　このマクロを実行すると、表内からアクティブセルのある行全体を選択します。読み解くポイントは4～5行目。4行目ではWithステートメントでアクティブセルを基点として表全体を操作対象としています。5行目ではRowsプロパティを使い、4行目で指定した表の中から、引数で指定された行を選択します。引数は、「アクティブセルの行番号」と「表の開始位置の行番号」を引き算し、最後に1を足すことで、表内の相対的な行番号を求めています。

1レコード分のセル範囲選択　　　　　　　　　　　　　　5-56：レコードの取得.xlsm

```
01  Sub レコード選択()
02      Dim rng
03      '1レコード分のセル範囲を取得
04      With ActiveCell.CurrentRegion
05          Set rng = .Rows(ActiveCell.Row - .Row + 1)
06      End With
07      '選択
08      rng.Select
09  End Sub
```

図2：マクロの結果

	A	B	C	D	E	F
1						
2		ID	氏名	性別	都道府県	生年月日
3		1	高島 重吉	男	静岡県	1988/6/15
4		2	戸田 公彦	男	愛知県	1994/6/19
5		3	小栗 小春	女	静岡県	1978/12/4
6		4	高松 哲郎	男	愛知県	1968/6/18
7		5	住田 年昭	男	静岡県	1979/9/30

セルC5など、「表内の3つ目のレコード」のセルを選択して上記マクロを実行した結果。1レコード分のセル範囲が選択できた

ここもポイント｜プロパティを利用するときの注意点

CurrentRegionプロパティを利用する場合には、表の周辺は、1行・1列分だけ空けて運用をしましょう。特に表の場合には、見出し行の上に表のタイトルを入力したくなりますが、そうすると、タイトル部分もアクティブセル領域に含まれて、処理対象が1行分ずれます。

その場合には、タイトルをもう1行上にずらして空白を確保したり、タイトル分も含めて選択行の調整を「プラス1行分」のセル範囲にずらしたりするなどの調整を行ってください。

文字列の処理

057 選択セル範囲すべての値に「様」を付加する

図1：すべてのセルに対して同じ処理を繰り返したい

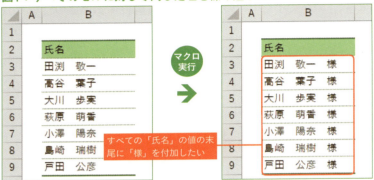

すべての「氏名」の値の末尾に「様」を付加したい

マクロで特定のセル範囲すべてに対して処理を行う

　特定のセル範囲に対して、同じ処理をまとめて行いたい——こんな場合に知っておくと便利な仕組みが「**For Each Nextステートメント**」です。

For Each Nextステートメント

```
For Each オブジェクト変数 In セル範囲
    オブジェクト変数を通じた個々のセルに対する処理
Next
```

　For Each Nextステートメントは、For Nextステートメント（P.76）と同じくループ処理を行う仕組みの1つですが、その特徴は、「**まず、対象としたいオブジェクトのリスト（セル範囲や、シートのリストなど）を指定し、そのリスト内のすべての対象に対して同じ処理を行う**」という仕組みになります。例えば、次のコードでは、セル範囲A1:C10に対して、「VBA」という値を入力します。

```
For Each rng In Range("A1:C10")
    rng.Value = "VBA"
Next
```

　個々の処理対象には、オブジェクト変数を通じてアクセスできます。上記

の例では、変数rngを通じて、個々のセルのValueプロパティにアクセスし、値を入力しています。

現在選択しているセル範囲に対してループ処理を行う

左ページのサンプルを発展させて、現在のセルに入力されている値の末尾に全角スペースと「様」を付加してみましょう。現在のセルの値をValueプロパティで取り出し&演算子で結合するだけなので簡単ですね。For Each Nextステートメントの繰り返し処理の対象とするセル範囲には、下記サンプルのようにSelectionプロパティも設定可能です。Selectionプロパティを使用することで、選択したセル範囲が繰り返し処理の対象セルとなります。

選択セル範囲に「様」を付加　　　　　　　　5-57：セル範囲に対してループ.xlsm

```
01  Sub セル範囲に対してループ()
02      Dim rng
03      'セル範囲に対してループ処理
04      For Each rng In Selection
05          'セルの値に「様」を付加
06          rng.Value = rng.Value & "　様"
07      Next
08  End Sub
```

図2：マクロの結果

 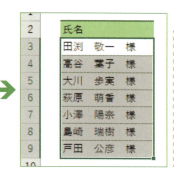

セル範囲B3：B9を選択して上記のマクロを実行したところ。選択セル範囲のすべてに対して、「rng.Value = rng.Value & "　様"」の処理を実行し、「様」を付加することができた

ここもポイント　オブジェクト変数名はなんでもOK

For Each Nextステートメントに指定するオブジェクト変数名は、なんでもかまいません。ただ、「セルならrng」「シートならsht」のように、自分なりのルールを決めておくと、ループ処理内で対象に対する処理を行っている箇所がどこなのかがわかりやすくなるでしょう。

文字列の処理

058 特定セル範囲内の文字列を一括置換する

図1：よく行う文字列の置換をマクロで処理したい

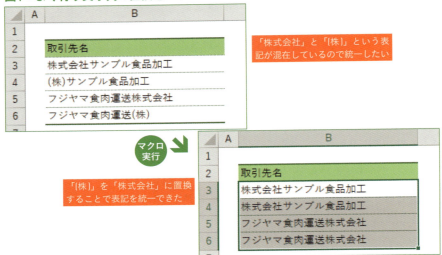

■ マクロで特定のセル範囲すべてに対して処理を行う

「(株)」を「株式会社」に修正したい——などのよく行う修正は、置換機能で実現できますが、よくある修正パターンであれば、置換文字列まで含めたマクロにしてしまうと、使い勝手がよくなります。

置換機能をマクロから利用するには、セル範囲を指定して「**Replaceメソッド**」を利用します。

Replaceメソッド
```
セル範囲.Replcae 検索文字列, 置換後文字列, LookAt:=xlPart
```

1つ目の引数には、置換対象とする検索文字列を指定し、2つ目には置換後に表示する文字列を指定します。さらに、セルの値のうち、一部でも当てはまるものがあれば、その部分を置換するために、引数「LookAt」に「xlPart」を指定します。

現在選択しているセル範囲に対して置換処理を行う

マクロ「選択範囲を置換」ではReplaceメソッドを使い、「"(株)"」を「"株式会社"」に置き換えています。置換対象はSelectionプロパティを使用することで、選択中のセルにのみ限定しています。

選択セル範囲を置換　　　　　　　　　　　　　　　　5-58：置換処理.xlsm

```
01  Sub 選択範囲を置換()
02      '選択セル範囲内で置換
03      Selection.Replace "(株)", "株式会社", LookAt:=xlPart
04  End Sub
```

図2：マクロの結果

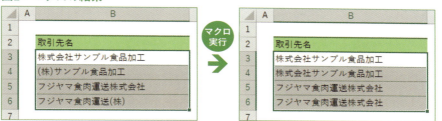

セル範囲B3:B6を選択して上記マクロを実行したところ
選択範囲内の「(株)」を「株式会社」に一括置換できた

ここもポイント　完全に一致する値のみを置き換えるなら「xlWhole」を指定する

例えば「富士」というセルの値を「沼津」に置換したい場合、引数LookAtが「xlPart」のままだと、「富士山」という値が「沼津山」になってしまいます。

図3：意図していない置換結果

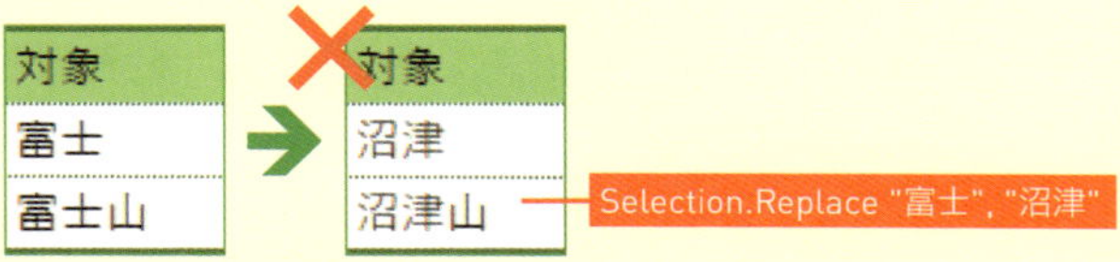

Selection.Replace "富士","沼津"

これを避けるには、Replaceメソッドの引数LookAtに「xlWhole」を指定しましょう。

```
セル範囲.Replace "富士", "沼津", LookAt:=xlWhole
```

すると、セルの値が完全に「富士」のものだけが置換の対象となります。

文字列の処理

059 リストに従って複数組み合わせの置換を実行

図1：リストの分だけ繰り返し置換処理を行いたい

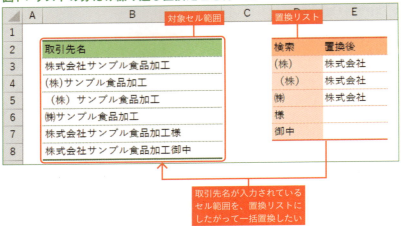

マクロでリストに従って置換処理を連続で行う

　置換機能で複数の値の置換を行いたい場合には、まず、**検索文字列と置換後のリストを作成し、そのリストに沿って置換をマクロで行う**仕組みを用意すると便利です。

　サンプルでは、セル範囲D3:D8に検索文字列のリストを作成し、その隣に対応する置換後の文字列を記入してあります。ちなみに、置換後の文字列が入力されていない箇所は、置換により「削除」するという意味合いになります。

　このセル範囲に対してFor Each Nextステートメント（P.130）を利用したループ処理を行うことで、連続して置換を行います。

現在選択しているセル範囲に置換処理を行う

　次のマクロでは、4行目で検索ワードが入力されているセル範囲を変数listRngに代入し、繰り返し処理で置換を行っています。4行目でWorkSheetsプロパティを使い1つ目のセルを指定しているのは、置換リストが同じシー

トにあるとは限らないから。このマクロでは、1つ目のシートに置換リストがあることを想定しています。

7行目のReplaceメソッドの第1引数には、検索ワードのセルの値を与えています。第2引数には、Nextプロパティで検索ワードの隣のセル——すなわち置換後のワードが収められたセル——を取得し、そのセルの文字列を与えています。

リストに従って置換

5-59：リストを利用した置換.xlsm

```
01  Sub リストを使って置換()
02      Dim listRng, rng
03      '検索ワードのリストが入力されているセル範囲をセット
04      Set listRng = Worksheets(1).Range("D3:D8")
05      '選択セル範囲をリストに従って置換
06      For Each rng In listRng
07          Selection.Replace rng.Value, rng.Next.Value, Lookat:=xlPart
08      Next
09  End Sub
```

図2：マクロの結果

セル範囲D3:D7に作成した検索値リストに従って、選択範囲を一括置換できた

ここもポイント｜コード内だけで完結したい場合には Array関数とループ処理で

シート上に検索リストを作成するのではなく、コード内だけで完結させるには、Array関数とFor Nextステートメントの組み合わせたループ処理がお手軽です。実際のコードはサンプルをご覧ください。

文字列の処理

060 セル内改行や文字列を置換して消去する

図1：セル内改行を消去した値を取得

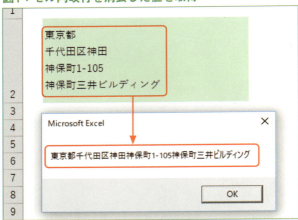

マクロでセル内改行を消去した値を取得する

　置換で知っておくと差のつくテクニックを2つ紹介します。1つ目はセル内改行の扱いです。Excelではセルに値を入力するとき Alt + Enter を押すと、セル内改行を行えます。このセル内改行をVBAで扱うには、「**vbLf**」という定数を利用します。**シート上のセル内改行をマクロで一気に消去**するには、次のようにコードを記述します。**Replaceメソッド**を使うことで、指定したセルの改行が削除されます。

Replaceメソッドで改行を削除　　　5-60：セル内改行や特定の文字列を一括消去.xlsm

```
Sub シート内のセル内改行を一括消去()
    Cells.Replace vbLf, "", LookAt:=xlPart
End Sub
```

　2つ目は、「**Replace関数**」です。VBAで置換を行う場合、置換を行いたい対象はセルに入力されている値ばかりではありません。セルの値を置換するのではなく、セルの値はそのままに、文字列の一部を置換した結果だけが欲しい場合もあるでしょう。このようなケースでは、Replaceメソッドの代わ

りにReplace関数を使用します。

Replace関数

```
変数 = Replace(検索対象の文字列, 検索値, 置換後の文字列)
```

　Replace関数は**第1引数に検索対象の文字列**を、**第2引数に検索値、第3引数に置換後の文字列**を指定します。置換後の結果は変数などに代入して利用しましょう。もちろん、定数vbLfを利用すれば、セル内改行を置換して消去した値も取り出せます。

📝 セルB2の値からセル内改行消去した文字列を表示する

　マクロ「セル内改行を消去」では、2つのダイアログボックスが表示されます。3行目で表示される1つ目のダイアログボックスでは、セルB2の値がそのまま表示されます。一方、5行目では、Replace関数がセルB2から改行（定数vbLf）を削除した文字列を返し、それがMsgBox関数の引数となります。結果、2つ目のダイアログボックスには、改行が削除された状態でセルB2の文字列が表示されます。Replace関数はセルの値を直接書き替えないため、マクロを実行してもセルB2の値に変化はありません。

セル内改行を消去　　　　　　　　　　5-60：セル内改行や特定の文字列を一括消去.xlsm

```
01  Sub セル内改行を消去()
02      '通常表示(比較用)
03      MsgBox Range("B2").Value
04      'セルB2のセル内改行を削除した値を表示
05      MsgBox Replace(Range("B2").Value, vbLf, "")
06  End Sub
```

図2：マクロの結果

セル内改行を持つセルの値をそのまま表示（左）した場合と、セル内改行を消去して表示（右）した結果。Replace関数で定数vbLfを空白文字列に置換したことで、結果としてセル内改行を消去できた。セルB2自体はもとのまま変わっていない

表の修正・確認

061 チェック用に色を付けておいたセルに移動

図1：現在のセルと同じ背景色の「次のセル」へと移動する

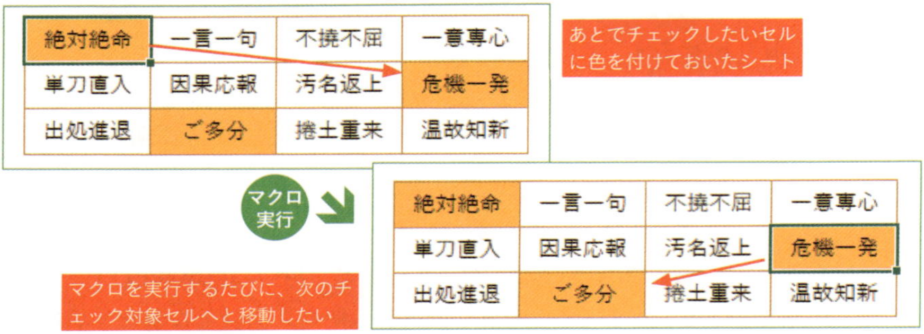

あとでチェックしたいセルに色を付けておいたシート

マクロを実行するたびに、次のチェック対象セルへと移動したい

マクロでセルの書式を条件にして検索（Excel 2003以降）

シート内のデータをチェックする際、「このデータは合っているのかどうか、あとでチェックしたい」というときは、**とりあえず背景色を塗っておきましょう**。あとから詳しくチェックするときに、書式で検索機能を使うと、該当のセルに素早く移動できて便利です。

本節では、この機能をマクロから利用するテクニックを紹介します。書式で検索を行うには、まず、現在の書式検索条件をクリアし、新たな書式条件を「**FindFormatオブジェクト**」に設定します。

FindFormatオブジェクト
```
Application.FindFormat.Clear
Application.FindFormat.対応する書式のプロパティ = 書式の値
```

その上で、検索したいセル範囲に対して、**Findメソッド**の引数「**SerchFormat**」に「**True**」を指定して実行ます。これでアクティブセルの書式で検索を行い、見つかったセルのRangeオブジェクトを返すので、変数などで受け取ります。

Findメソッドで書式を基準に検索する
```
Set 変数 = セル範囲.Find("", SearchFormat:=True)
変数.Select
```

この変数に対してSelectメソッドを実行すれば、検索結果のセルを選択状態にもできますね。

アクティブセルと同じ背景色の「次のセル」を選択する

今回のマクロのポイントは検索条件の設定（4行目）にあります。背景色を基準に検索したいので、**FindFormatのInterior.Colorプロパティに、アクティブセルのInterior.Colorプロパティを代入**しています。これで、アクティブセルと同じ背景色のセルを検索条件に設定できます。

6行目では、Cellsプロパティでシート内のセル全体を検索対象として、Findメソッドを実行しています。引数「After」でアクティブセルを指定することで、検索が続きが行われるよう設定しました。P.310を参考に、ショートカットキーでマクロが実行できるようにしておくと、さらに便利になりますよ。

次のチェック対象セルを選択

5-61：書式で検索.xlsm

```
01  Sub 書式で検索()
02      '検索書式をいったんクリアしてアクティブセルの背景色に設定
03      Application.FindFormat.Clear
04      Application.FindFormat.Interior.Color = ActiveCell.Interior.Color
05      'アクティブセルの「次のセル」から検索を行い、次の同じ背景色を持つセルを選択
06      Cells.Find("", After:=ActiveCell, SearchFormat:=True).Select
07  End Sub
```

図2：マクロの結果

マクロを実行するたびに、アクティブセルと同じ背景色を持つ、「次のセル」へと移動する

ここもポイント ｜ **書式のセットと検索操作を分割することも可能**

本文中のマクロは、値のチェック後もセルの背景色は変更せずにチェックを続けるスタイルを想定して作成しています。しかし、チェックして問題がなかったセルは、その都度自分で背景色を元に戻しておきたい——そんな人もいるでしょう。この場合は、検索書式の設定と検索を行うマクロを分割し、最初の1回だけは書式をセットし、以降は検索のみを行うマクロを実行する、という運用でもいいでしょう。具体的なコードについては、サンプルをご覧ください。

表の修正・確認

062 列内で参照式がズレているセルに色を付ける

図1：他の式と異なる参照形式のセルを素早く特定する

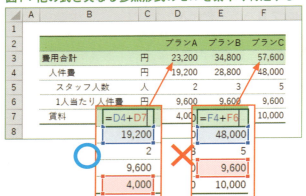

本来は4列目の「人件費」と、7列目の「賃料」を加算した式のはずが、セルF3の式は、4列目と6列目を加算した式になってしまっている

■ マクロで数式をR1C1形式で比較する

　作表をしている際、うっかり操作ミスやコピーの失敗により、表内の同一の行や列の数式と異なる計算をしてしまう場合があります。例えば、上図では「人件費」と「賃料」を加算する数式のはずが、セルF3だけは、「人件費」と「1人当たり人件費」を加算する数式になっています。

　こういった数式のミスを突き止めるために便利な方法が、マクロにより、**R1C1形式**（P.86）**での数式の値を比較するテクニック**です。

R1C1形式で数式を比較する

```
If 検査セル.FormulaR1C1 <> 正しいセル.FormulaR1C1 Then
    検査セルに対する処理
End If
```

　R1C1形式の数式は、**FormulaR1C1プロパティ**で取得できます。この値を、正しい数式が入力されているセルと比較し、異なる場合は色を付けたり、数式を再入力するなどの処理を行います。

　こういった仕組みを作成すれば、1つのセルの数式を厳密にチェックし、あとはマクロで怪しい個所を見つけ出して修正できますね。

想定と異なる数式を持つセルに色を付ける

　選択したセル範囲内で1つ目のセルを基準とし、R1C1形式の数式が同じかどうかをチェックするマクロです。2つ目以降のセルをチェックするため、For Nextステートメントの開始値は「2」に設定します。

　6行目では、If Thenステートメントで左辺と右辺の数式が同じかどうかをチェックしています。左辺は2つ目以降のセルの数式、右辺にはアクティブセル（選択範囲の1つ目のセル）の数式が入ります。条件式には「<>」演算子を使っているため、左辺と右辺が異なる場合に条件が満たされ、7行目の背景色を黄色にする処理が実行されます。

数式の参照位置チェック　　　　　　　　　　　5-62：相対参照の数式チェック.xlsm

```
01  Sub R1C1形式でチェック()
02      Dim i
03      '選択範囲の2つ目のセルから最後のセルまでループ処理
04      For i = 2 To Selection.Count
05          'アクティブセルとR1C1形式での数式が異なったら色を付ける
06          If Selection.Cells(i).FormulaR1C1 <> ActiveCell.FormulaR1C1 Then
07              Selection.Cells(i).Interior.Color = rgbYellow
08          End If
09      Next
10  End Sub
```

図2：マクロの結果

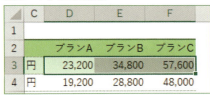

1 「正しい」数式が入力されているかチェックしたいセルを選択し、マクロを実行

先頭のセルの数式とR1C1形式で比較し、異なる場合には背景色を設定できた

表の修正・確認

063 複数セルの値を連結する

図1：セルの値を連結する

縦方向・横方向のそれぞれに分割して入力されている値を連結して、1つの値にする

マクロで複数セルの値を連結する

　本来は1つのデータとして扱いたい値が、複数セルに分割して入力されている場合があります。Office 365ユーザーなら、エクセル2016のアップデート後に**TEXTJOIN関数**というセルの値を連結する関数が利用できるのですが、そうでない場合には自分でなんとかしなくてはいけません。

　こんなときに便利なのが、**TRANSPOSEワークシート関数**でセル範囲の値をまとめて1次元配列風に扱えるようにするテクニックと、**Join関数**で1次元配列を連結するテクニックです。縦方向のセル範囲は、次のコードで1次元配列に変換できます。

Transposeワークシート関数

```
Application.WorksheetFunction.Transpose(縦方向のセル範囲.Value)
```

　横方向のセル範囲の場合には、この結果をさらにもう一度TRANSPOSE関数で変換します。

　Join関数は第1引数に1次元配列を指定し、第2引数に連結用の文字列を指定すると、配列の値を連結用文字列で連結した値を返します。つまり、第2引数に空白文字列を指定すれば、配列の値を連結した文字列が取得できます。

Join関数
```
Join(配列, "")
```

この仕組みを組み合わせて目的の値を取得します。

アクティブセルと同じ背景色の「次のセル」を選択する

複数のセル範囲を含むRangeオブジェクトのValueプロパティは、列を1次元、行を2次元とする2次元配列のオブジェクトを取り出します。このオブジェクトを変数arrに代入するとしましょう。1つの列にデータが記述されている場合は、arr(1, 1)、arr（2, 1)…のような構造のデータとなっています。このオブジェクトにTranspose関数で変換すると、arr(1)、arr(2)のような1次元配列となるので、Join関数で値を結合します。

縦方向のセルの値を連結　　　　　　　　　　5-63：セル範囲の値を連結.xlsm

```
01  Sub 列方向の連結()
02      Dim str
03      '1次元配列に変換
04      str = Application.WorksheetFunction.Transpose(Range("B3:B6").Value)
05      '値を空白文字列で連結
06      str = Join(str, "")
07      MsgBox str
08  End Sub
```

1つの行にデータが記述されている場合は、arr(1, 1)、arr（1, 2)…のようなデータ構造となっています。このオブジェクトをTranspose関数で変化すると、arr(1, 1)、arr（2, 1)…のようなデータ構造となります。これは1つの列にデータが記述されている場合と同じですね。そこでもう一度Transpose関数で変換すると、1次元の配列になるわけです。

横方向のセルの値を連結　　　　　　　　　　5-63：セル範囲の値を連結.xlsm

```
01  Sub 行方向の連結()
02      '2回TRANSPOSE関数を利用することで1次元配列として扱えるようにして連結
03      With Application.WorksheetFunction
04          MsgBox Join(.Transpose(.Transpose(Range("B3:E3").Value)), "")
05      End With
06  End Sub
```

表の修正・確認

064 | 書類の提出前に非表示の有無をチェックする

図1：非表示の有無をチェック

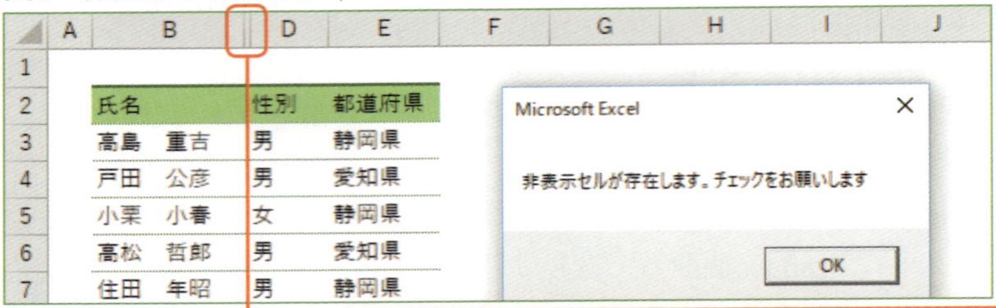

C列が非表示になっているシート。客先に送付する前にチェックをしたい

■ マクロで非表示セルの有無をチェックする

シート上に帳票を作成していく際に、一時的な計算に利用した作業用のセルや、表のチェックの際に不要なセルなどを、一時的に非表示にしている場合があります。このようなブックを、うっかり客先に送ってしまうと、本来なら見てほしくないデータや計算式まで送付してしまいかねません。そこで、非表示のセルが存在するかどうかをマクロでチェックしてみましょう。

考え方としては、「シート全体の可視セルの範囲を取得し、そのセル範囲が複数に分割されていれば、どこかに非表示の箇所がある」という方法でチェックを行います。

シート全体の可視セルを選択するには、**Cellsプロパティ**でセル範囲全体を取得し、**SpecialCellsメソッド**の引数に、「**xlCellTypeVisible**」を指定して実行します。

```
Cells.SpecialCells(xlCellTypeVisible)
```

このセル範囲の範囲数をチェックするには、**Areasプロパティ**で分割された各エリアのセル範囲にアクセスし、さらに**Countプロパティ**でその数を数えます。この値が「1」の場合は「非表示範囲なし」、1より大きい場合は「非表示範囲あり」となります。

```
セル範囲.Areas.Count
```

現在のシートの非表示有無をチェック

マクロ「非表示チェック」では、SpecialCellsメソッドで非表示セルをチェックし、非表示セルが存在する場合はダイアログボックスを表示して、ワークシートのチェックを促しています。

非表示の有無をチェック　　　　　　　　5-64：非表示の有無チェック.xlsm

```
01  Sub 非表示チェック()
02      If Cells.SpecialCells(xlCellTypeVisible).Areas.Count > 1 Then
03          MsgBox "非表示セルが存在します。チェックをお願いします"
04      End If
05  End Sub
```

図2：マクロの結果

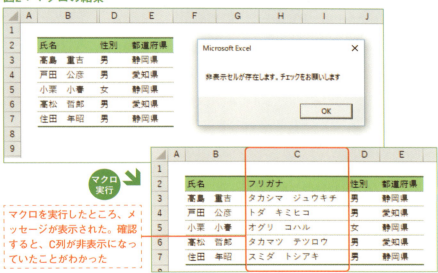

マクロを実行したところ、メッセージが表示された。確認すると、C列が非表示になっていたことがわかった

ここもポイント｜再表示までマクロで行うには

行や列の再表示を手作業で確認するのではなく、一気にすべて再表示したい場合には、次のマクロを実行します。

```
Cells.EntireColumn.Hidden = False
Cells.EntireRow.Hidden = False
```

ただし、どういう意図でどの部分を非表示にしていたのかを確認したい場合には、手作業で1つ1つ確認したほうがいい場合もあります。ケースに応じて使い分けてください。

表の修正・確認

065 | 3行ごとに空白行を挿入

図1：表に3行ごとに空白行を入れる

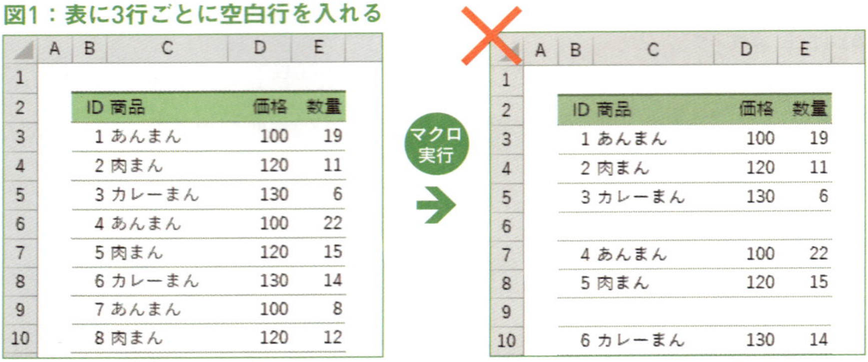

	A	B	C	D	E
1					
2		ID	商品	価格	数量
3		1	あんまん	100	19
4		2	肉まん	120	11
5		3	カレーまん	130	6
6		4	あんまん	100	22
7		5	肉まん	120	15
8		6	カレーまん	130	14
9		7	あんまん	100	8
10		8	肉まん	120	12

→ マクロ実行 →

	A	B	C	D	E
1					
2		ID	商品	価格	数量
3		1	あんまん	100	19
4		2	肉まん	120	11
5		3	カレーまん	130	6
6					
7		4	あんまん	100	22
8		5	肉まん	120	15
9					
10		6	カレーまん	130	14

表に3行ごとに空白を挿入して3つのレコード単位で見やすくする

対象セルが下にずれることを考慮しないと、2つ目以降では2行ごとに空白が挿入されてしまう

マクロで一定間隔ごとに行を挿入する

　縦に長い表を見やすくするために、一定間隔で空白行を入れるマクロを作成してみましょう。特定のセルを元に、空白行を挿入するには、**EntireRowプロパティ**で特定行を含む行全体を取得し、**Insertメソッド**で行を挿入します。

Insertメソッド
```
セル.EntireRow.Insert
```

　あとはこの処理をループ処理で繰り返せばよさそうですが、「行の挿入」となると少し気を付けなくてはいけない点があります。それは、**行を挿入したことにより、対象セル全体が1行分下にずれる**点です。
　いろいろな方法があるのですが、今回は、For Nextステートメントで利用するカウンタ用変数を利用して、「今まで挿入した空白行の分だけ下の行を操作対象にする」という考え方で処理を作成してみました。

選択セルを基準に3行ごとに空白行を入れる

きれいに3行ごとに空白を挿入するには、3の倍数＋挿入した行数ぶん下方向にアクティブセルをオフセットします。挿入した行数は、For Eachステートメントのカウンタ変数i - 1で求めることができます。

ここでは空白行を入れる回数（6行目の「6」）を自身で設定していますが、マクロで求めることも可能です。「ActiveCesll.CurrentRegion.Rows.Count - 1」で計算した表の行数を、変数numで割ったときの商が、空白行を入れる回数となります。詳細はサンプルコードをご確認ください。

3行ごとに行を挿入　　　　　　　　　　　　　　　5-65：3行ごとに行を挿入.xlsm

```
01  Sub 空白行の挿入()
02      Dim num, i
03      '空白行を入れる間隔を設定
04      num = 3
05      '3行ごとに空白を6回挿入
06      For i = 1 To 6
07          ActiveCell.Offset(i * num + i - 1).EntireRow.Insert
08      Next
09  End Sub
```

図2：マクロの結果

セルB3を選択して上記マクロを実行したところ
3行ごとに6回空白行を挿入できた

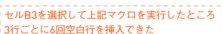

ここもポイント ｜ 空白セルを上に詰めるには

本文中とは逆に、選択範囲の空白行（空白セル）を削除して上に詰める場合には、SpecialCellsメソッドを利用して次のようにコードを記述します。選択セルの個数が多すぎる場合は失敗する可能性もありますが、たいていはこれでOKです。

```
Selection.SpecialCells(xlCellTypeBlanks).Delete
```

表の修正・確認

066 重複を削除する

図1：キー列を比較して同じ物を削除する

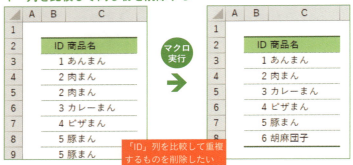

マクロで重複を削除する

　同じ表に重複入力してしまったデータをチェックし、重複するものは削除するマクロを作成してみましょう。いろいろな方法がありますが、本書では2つ紹介します。まず、「重複を検査する列で表を並べ替えておき、重複データの行を削除する」という方法です。一見、重複を検査する列の値の比較は、次のようなループ処理でうまくいきそうです。

重複を検査するループ処理（失敗例）

```
For i=開始行 To 終了行-1
    If Cells(i,対象列).Value = Cells(i+1,対象列).Value Then
削除処理
Next
```

　しかし、実はこの処理は期待通りに動作しません。削除する処理の場合には、**削除した行のぶんだけ処理対象がずれる**ためです。このような途中で対象が減る可能性のある場合には、**逆順でチェックする**という考え方が基本となります。まず、いちばん下のセルの値を1つ上のセルの値と比較し、同じであれば、そのセルの行全体を削除します。そして、だんだんと上のセルへとループ処理を進めて行きます。こうすれば、途中で削除処理が行われても、その後の処理対象がずれることはありません。

選択セル範囲内に重複行がある場合に行ごと削除する

重複の検査を逆順で行うために、For Nextステートメントの開始値を選択範囲の行数にし、2まで変数iを1つずつ小さくするように記述しています。下から順番に現在のセルと1つ上のセルを比較して、値が同じ場合は現在の行を削除します。

重複をループ処理で削除　　　　　　　　　　　　5-66：重複の削除.xlsm

```vb
01  Sub 重複を逆順チェックで削除()
02      Dim i
03      '選択セル範囲の最後のセル(一番下のセル)から逆順にループ処理
04      For i = Selection.Cells.Count To 2 Step -1
05          '1つ上のセルの値と同じ場合にはその行全体を削除
06          If Selection.Cells(i).Value = Selection.Cells(i - 1).Value Then
07              Selection.Cells(i).EntireRow.Delete
08          End If
09      Next
10  End Sub
```

図2：マクロの結果

セル範囲B3:B11を選択し、下のセルから順番に上のセルと値を比較しながら削除処理を行い、重複を削除できた

ここもポイント | ループの終了値

本文内では、ループの終了値を「2」としています。これは、いちばん上のセルは比較する必要がないため、上から2番目のセルをチェックした時点でループを終了させるためです。

重複の削除機能を利用して重複を削除

Excel 2007からは、重複の削除機能が利用できます。この機能をVBAから利用するには、「**RemoveDuplicatesメソッド**」を利用します。

RemoveDuplicatesメソッド

> セル範囲.RemoveDuplicates キー列, 1行目が見出しフラグ

RemoveDuplicatesメソッドは、対象とするセル範囲に対して実行し、第1引数に重複を検査したい列番号を指定し、第2引数に1行目を見出しとして扱う場合は「**xlYes**」を、しない場合は「**xlNo**」を指定します。とてもシンプルですね。ちなみに、複数の列で重複を検査するには、第1引数に「**Array(1,2)**」のように列番号の配列を指定します。

重複を［重複の削除］機能で削除　　　　　　　　　　5-66：重複の削除.xlsm

```
01  Sub 重複の削除機能で削除()
02      '選択セル範囲を、「キーは1列目」「1行目は見出し」ルールで重複削除
03      Selection.RemoveDuplicate 1, xlYes
04  End Sub
```

このマクロのいいところは、重複を検査するために表自体をソートする必要がないところです。並べ替える前の状態のままで、重複を削除することができます。

図3：マクロの結果

セル範囲B3:B11を選択し、重複の削除機能を、「キー列は1列目」「1行目は見出し」で実行できた

Chapter 6

書式設定を高速化して美表を作る

列の選択・設定

067 よく使う表のパターンをマクロでコピーする

📋 マクロで表全体を選択する

　エクセルで作った表形式のデータは、日々更新されるに伴い、行数が増減します。時には新たな列を加えることもあるでしょう。Rangeプロパティの引数に「A1:E10」のように文字列で範囲を指定すると、範囲が変化するたびに引数を修正しなければなりません。

　このような範囲の変化する表全体のセル範囲を簡単に取得できる仕組みが、「アクティブセル領域」です。表の中のどこかのセルを選択し、Ctrl+Shift+*キーを押すと、**アクティブなセルを基準にデータの入力されている連続したセル範囲（アクティブセル領域）が選択されます**。このアクティブセル領域をマクロから取得するのが、「**CurrentRegionプロパティです**」

CurrentRegionプロパティ

見出しの先頭セル.CurrentRegion

　表形式のデータであれば、見出し部分の先頭セルの位置は移動する可能性が低い場所ですので、ここを基準にCurrentRegionプロパティを利用するのがいいでしょう。

表全体を選択　　　　　　　　　　　　　　　　　　　6-67：表の選択.xlsm

```
01  Sub 表全体選択()
02      '見出し列の先頭列を基準にアクティブセル領域を取得
03      Range("B2").CurrentRegion.Select
04  End Sub
```

図1：マクロの結果

CurrentRegionプロパティを利用してセルB2を起点とした表の範囲を選択できた

表のさまざまな場所を選択する

取得したセル範囲に対して、「**Rows(行番号)**」「**Columns(列番号)**」プロパティをつなげると、「表形式のセル範囲内での、指定行全体／指定列全体」のみを取得できます。また、表全体の行数は「**Rows.Count**」で、列数は「**Columns.Count**」で取得できます。

RowsプロパティとColumnsプロパティ
```
表のセル範囲.Rows(行番号)
表のセル範囲.Columns(列番号)
```

Countプロパティで行数・列数を数える
```
表のセル範囲.Rows.Count        'セル範囲の行数を取得
表のセル範囲.Columns.Count     'セル範囲の列数を取得
```

これらの仕組みを利用すると、表形式のデータのさまざまな場所を選択したり、マクロ実行時の行数・列数などの情報を取得したりできます。

①表の1レコード目を選択（1行目は見出し行） 　　　　　6-67：表の選択.xlsm
```
Range("B2").CurrentRegion.Rows(2).Select
```

②表の2フィールド目を選択 　　　　　　　　　　　　　6-67：表の選択.xlsm
```
Range("B2").CurrentRegion.Columns(2).Select
```

③表の見出しを除く範囲を選択 　　　　　　　　　　　　6-67：表の選択.xlsm
```
01  With Range("B2").CurrentRegion
02      .Rows("2:" & .Rows.Count).Select    '表内の2行目から最終行を選択
03  End With
```

図2：マクロの結果

①表の1レコード目が選択された

②表の2フィールド目が選択された

③表の見出しを除く範囲が選択された

列の選択・設定

068 列幅を自動調整する

図1：列幅の自動調整

コピー・転記直後は列幅が合っていないためにデータが見にくいため、データがすべて見える列幅へと調整したい

マクロで列幅を調整

　コピー・転記してきたばかりのデータは、そのままの列幅では長すぎたり短すぎたりして見づらいもの。既存の表であれば、列幅もコピーする方法もあるのですが、ちょっとした確認をしたいデータや、新規のデータの場合は列幅を手軽に調整できると便利です。

　そんなときには、「EntireColumn.AutoFit」と「EntireRow.AutoFit」が便利です。**前者は列幅を、後者は行の高さを自動調整します。**

列幅と行高を自動調整する

```
セル範囲.EntireColumn.AutoFit    '列幅の自動調整
セル範囲.Entirerow.AutoFit       '行の高さの自動調整
```

　アクティブセル領域を扱うCurrentRegionプロパティ（P.152）と組み合わせると、コピー＆ペーストして転記した直後のデータをさっと見やすく整形することも可能です。

表の列幅と行高を自動調整する

1つ目のマクロはAutoFitメソッドで列幅と行高を自動調整します。2つ目のマクロは列幅を2、行高を10ずつ広げる処理を行っています。

列幅の自動調整　　　　　　　　　　　　　　6-68：列幅自動調整.xlsm

```
01  Sub 列幅自動調整()
02      'アクティブセル領域の列幅を自動調整
03      ActiveCell.CurrentRegion.EntireColumn.AutoFit
04      'アクティブセル領域の行の高さを自動調整
05      ActiveCell.CurrentRegion.EntireRow.AutoFit
06  End Sub
```

図2：マクロの結果

表内にカーソルを移動し、マクロを実行すると、CurrentRegionプロパティを利用して表全体を選択し、AutoFitメソッドで一気に列幅を自動調整できた

さらに広めに調整　　　　　　　　　　　　　6-68：列幅自動調整.xlsm

```
01  Sub 行と列の幅を広めに調整()
02      Call 列幅自動調整
03      Dim rng
04      'ループ処理で1行目の各セルの幅を広げる
05      For Each rng In ActiveCell.CurrentRegion.Rows(1).Cells
06          rng.ColumnWidth = rng.ColumnWidth + 2    '幅を2広げる
07      Next
08      'ループ処理で1列目の各セルの高さを広げる
09      For Each rng In ActiveCell.CurrentRegion.Columns(1).Cells
10          rng.RowHeight = rng.RowHeight + 10    '高さを10広げる
11      Next
12  End Sub
```

図3：マクロの結果

表内にカーソルを移動してマクロを実行すると、セルのColumnWidthプロパティとRowHeightプロパティを利用して、現在の幅・高さの値を取得し、さらに少しだけ幅・高さを広げた値に調整できた

文字の書式の設定

069 定番のフォントの組み合わせに統一する

図1：フォントの統一

いろいろなブックからデータを寄せ集めて作表したため、フォントの種類にバラつきがでてしまい見にくい状態

マクロ実行

日本語は「MSゴシック」、数値は「Arial」へと統一したところ

📄 マクロでフォントを統一

　複数のブックやウェブからデータをコピーして作表した場合、フォントの種類がバラバラになりがちで、表が読みづらくなってしまいます。また、社内ルールや取引先に応じて、「見やすい・見慣れている」フォントに統一した上で資料を提出したい場合もあるでしょう。

　このような場合には、手軽に「定番フォント」へと統一できる仕組みをマクロで作成しておくと便利です。フォントの変更は、セル範囲を指定し、「**Font**プロパティ」で取得したフォント情報の集まったオブジェクトから、さらにフォント名を扱うプロパティである「**Name**プロパティ」を利用します。

Font.Nameプロパティでセルのフォントを設定する
```
セル範囲.Font.Name = "フォント名文字列"
```

図2：フォントの名前を確認する

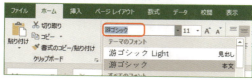

ホームタブの[フォントの種類]ドロップダウンリストで、フォントの正式な名称が確認できる

156

フォント名を指定する文字列は、[ホーム]タブ内の[フォントの種類]ドロップダウンリストボックスに表示されるフォント名をそのまま指定すればOKです。

シートのフォントをMSゴシック・Arialに統一する

　マクロ「フォントの統一」を実行すると、3行目でまずセル全体の適用フォントをMSゴシックに設定し、その後改めてセル全体に英文フォント「Arial」を設定します。こうすることで、英数字がArialに、日本語がMSゴシックの組み合わせになり、半角の英数字が読みやすくなります。

アクティブシートのフォント変更　　　　　　　　　　　6-69：フォントの変更.xlsm

```
01  Sub フォントの統一()
02      'シートのフォントを「MS ゴシック」に統一
03      Cells.Font.Name = "MS ゴシック"
04      'さらに欧文フォントの「Arial」を指定することで数値のみArialに統一
05      Cells.Font.Name = "Arial"
06  End Sub
```

図2：マクロの結果

		プランA	プランB	プランC
費用合計	円	23,200	34,800	58,000
人件費	円	19,200	28,800	48,000
スタッフ人数	人	2	3	5
1人当たり人件費	円	9,600	9,600	9,600
資料	円	4,000	6,000	10,000

> Cellsプロパティで「シート全体」のセル範囲を対象に、「MSゴシック」「Arial」の組み合わせに統一できた

ここもポイント｜フォント変更後に行の高さを調整

行の高さを調整していない状態でシートのフォントを変更すると、変更後のフォントに合わせて行の高さが自動調整される場合があります。その結果、元の表よりも見づらくなってしまう場合には、以下のコードでシート全体の行の高さを調整しましょう。

```
Rows.RowHeight = 18    'シートの行の高さを18に統一
```

シート全体の行の高さではなく、任意のセル範囲の行の高さを調整したい場合には、セル範囲を指定し、次のようにコードを記述します。

```
セル範囲.RowHeight=18    '選択範囲の行の高さを18に統一
```

もしくは、フォント変更後に、P.154の列幅や行の高さの自動調整マクロを利用してもいいでしょう。

文字の書式の設定

070 一発でいつもの表示形式を設定する

図1：表示形式の設定

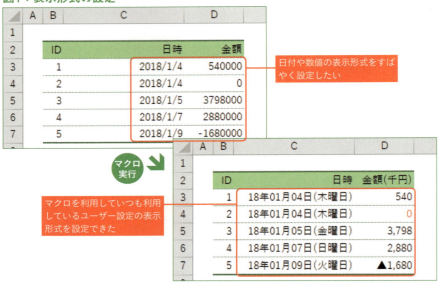

日付や数値の表示形式をすばやく設定したい

マクロを利用していつも利用しているユーザー設定の表示形式を設定できた

マクロで表示形式を設定

　ユーザー形式のセルの表示形式を設定するには、いったん［セルの書式設定］ダイアログボックスを表示し、［ユーザー定義］欄から選択する必要があります。しかし、よく使う表示形式であれば、マクロに登録してしまえば、選択範囲や決まった位置のセルの表示形式を一発で設定可能です。表示形式を設定するには、セル範囲を指定し、**「NumberFormatLocal」**プロパティを利用します。

NunberFormatLocalプロパティ
```
セル範囲.NumberFormatLocal = "表示形式文字列"
```

　表示形式を指定する文字列は、［セルの書式設定］ダイアログボックスの［ユーザー定義］欄に設定する値と同じように指定可能です。

決まったセル範囲の表示形式をマクロから設定する

マクロ「書式の設定」では、C列の日付を「12年03月04日(日曜日)」、D列の数値を「①千円未満を非表示にし、負の数値では▲を表示、0の場合は赤」となる表示形式に設定しています。

表示形式の設定　　　　　　　　　　　　　　　　　6-70：書式の設定.xlsm

```
01  Sub 書式の設定()
02      '日付の書式設定
03      Range("C3:C7").NumberFormatLocal = "yy年mm月dd日(aaaa)"
04      '数値の書式設定
05      Range("D2").Value = "金額(千円)"
06      Range("D3:D7").NumberFormatLocal = "#,###,;▲#,###,;[赤]0"
07  End Sub
```

図2：マクロの結果

任意のセル範囲にNumberFormatLocalプロパティを利用して表示形式を設定できた

ここもポイント　表示形式文字列にダブルクォーテーションは不要

ユーザー形式の表示形式を手作業で設定する場合、「yyyy"年"m"月"d"日"」のように、プレースフォルダー文字以外の分をダブルクォーテーションで囲んで指定します。この仕組みからいうと、マクロで設定する場合は"yyyy""年""m""月""d""日"""のように、ダブルクォーテーションをエスケープして指定する必要があるように思えますが、実は「"yyyy年m月d日"」のように、プレースフォルダー以外の部分も、特にダブルクォーテーションで囲まないで指定してもOKなのです。プレースフォルダー部分とそれ以外の部分は自動的に判断してくれます。
ちなみに、表示形式を指定するプロパティには、「NumberFormatプロパティ」も用意されていますが、表示形式内で日本語文字列など日本ローカルの仕組みを利用するとエラーとなります。日本語版Excelでの書式設定であれば、NumberFormatLocalプロパティを利用するのがよいでしょう。

罫線と背景色の設定

071 決まったパターンの罫線を引く

図1：セル範囲におきまりの罫線を引く

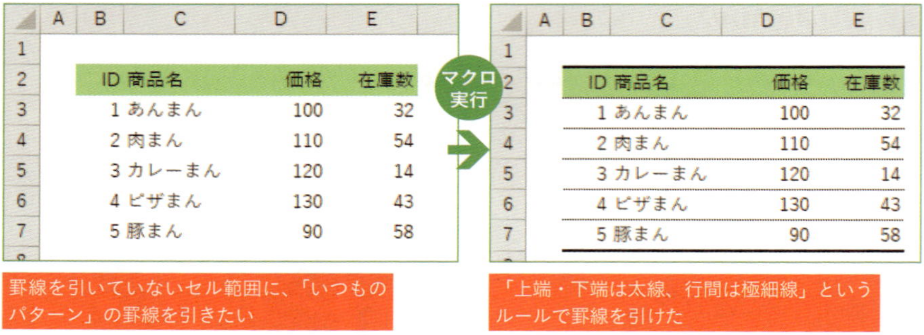

罫線を引いていないセル範囲に、「いつものパターン」の罫線を引きたい

→ マクロ実行 →

「上端・下端は太線、行間は極細線」というルールで罫線を引けた

マクロで罫線を引く

　表形式でデータを入力する場合、罫線を引くと格段にデータが見やすくなります。また、「お決まりの罫線の引き方」のパターンを決めておけば、データを見る側にとっても見慣れた形式でデータを確認できます。

　罫線をマクロで引くには、セル範囲を指定し、「**Borders プロパティ**」の引数に、罫線の位置を示す定数を指定します。すると、その位置の罫線（Borderオブジェクト）が取得できます。

Borders プロパティ
```
セル範囲.Borders(位置を示す定数)
```

　さらに、「**Weight プロパティ**」で罫線の太さを指定すると、その太さで罫線が描画されます。

Weight プロパティで罫線の太さを変える
```
セル範囲.Borders(位置を示す定数).Weight = 線の太さを示す定数
```

　また、罫線を消去する場合には、場所を指定した上で、「**LineStyle プロパティ**」に「**xlNone**」を指定します。

LineStyleプロパティで罫線を消去する
`セル範囲.Borders(位置を示す定数).LineStyle = xlNone`

「場所を指定し」「見た目を指定」という2段階で罫線を描画していきましょう。

📐 セル範囲に決まったルールで罫線を引く

表示形式の設定　　　　　　　　　　　　　　　　　　　　6-71：罫線を引く.xlsm

```vb
01  Sub 罫線を引く()
02      '上端・下端は太線、行間は極細線で罫線描画
03      With Range("B2:E7")
04          .Borders(xlEdgeTop).Weight = xlMedium          '上端を太線
05          .Borders(xlEdgeBottom).Weight = xlMedium       '下端を太線
06          .Borders(xlInsideHorizontal).Weight = xlHairline '行間を極細線
07      End With
08  End Sub
```

図2：マクロの結果

ID	商品名	価格	在庫数
1	あんまん	100	32
2	肉まん	110	54
3	カレーまん	120	14
4	ピザまん	130	43
5	豚まん	90	58

セル範囲B2:E7に対して、あらかじめ決めておいたルールで罫線を引くことができた

表1：罫線の位置を指定する定数と太さを指定する定数

位置を指定する定数	
定数	**場所**
xlEdgeTop	上端
xlEdgeBottom	下端
xlEdgeRight	右端
xlEdgeLeft	左端
xlInsideHorizontal	行間
xlInsideVertical	列間
xlDiagonalDown	斜線（右下がり）
xlDiagonalUp	斜線（右上がり）

太さを指定する定数	
定数	**種類**
xlHairline	極細
xlThin	通常
xlMedium	中
xlThick	太

> **ここもポイント** │ その他の見た目を指定するプロパティ
>
> 罫線の太さ以外の「種類」や「色」を設定する方法はサンプルを参照してください。

罫線と背景色の設定

072 | 5行ごとに罫線を引く

図1：5行ごとに罫線を引く

| | 表に対して5行おきに罫線を入れ、一定のグループごとの値を把握しやすくしたい |

マクロ実行 →

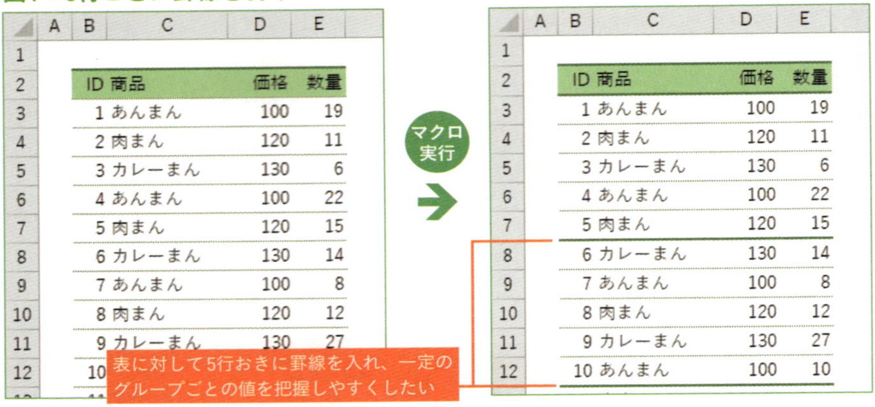

マクロで5行おきに罫線を引く

　縦に長い表に罫線を入れる場合、5行おき・10行おきなど、一定行ごとにタイプの異なる罫線を入れると、一定のグループごとのデータを把握しやすくなります。

　このようなケースに便利なのが、**For Nextステートメント**を利用したループ処理（P.76）に、**Stepキーワード**を加えるテクニックです。

For NextステートメントとStepキーワード

```
For カウンタ変数 = 初期値 To 終了値 Step ステップ数
    繰り返したい処理
Next
```

　通常、For Nextステートメントでは、1回の処理が終わるたびに、カウンタ用変数に「1」が加算されますが、Stepキーワードを加え、その後ろに数値（**ステップ数**）を指定しておくと、その**ステップ数だけカウンタ用変数に加算されます**。「Step 5」とすれば「5ずつ」、「Step 10」とすれば「10ずつ」です。この仕組みを、罫線を引く処理に応用すれば、簡単に任意の行数おきにタイプの異なる罫線を引くことが可能となります。

任意のセル範囲に5行おきに罫線を引く

　このマクロでは、For Nextステートメントの開始値を2、ステップ数を5にして繰り返し処理を行っています。"5行おき"に罫線を引くポイントは、5行目のRangeプロパティの引数。カウンタ用変数を使って「B2:E2」「B7:E7」「B12:E12」……となるようにセル番地の文字列を生成してます。

5行おきに罫線を引く

6-72：5行ごとに罫線を引く.xlsm

```
01  Sub 任意の範囲に5行ごとに罫線を引く()
02      Dim i
03      '2行目から22行目までを対象にループ処理
04      For i = 2 To 22 Step 5
05          Range("B" & i & ":" & "E" & i). _
06              Borders(xlEdgeBottom).Weight = xlMedium
07      Next
08  End Sub
```

図2：マクロの結果

「開始値:2」「終了値:22」「ステップ値:5」というルールでループ処理を行い、カウンタ用変数の値を利用して指定したセル範囲の罫線の太さを「太線」にしたところ。結果として、5行ごとに太線を引くことができた

ここもポイント ｜ Step値は負の値を指定してもよい

Step値には負の値を設定してもかまいません。この場合、1回のループ処理を終えるたびにカウンタ用変数の値がステップ数だけ減算された値になります。このケースでは、セットで開始値を終了値よりも大きくしておくことも忘れないよう注意しましょう。
「行の削除（P.148）」などの、「後ろからループ処理を行ったほうが効果的な処理」を作成する場合に知っておくと便利なテクニックです。

罫線と背景色の設定

073 背景色だけを設定／消去する

図1：背景色を設定／消去する

罫線や表示位置・表示形式などはそのままに、背景色のみを設定／消去したい

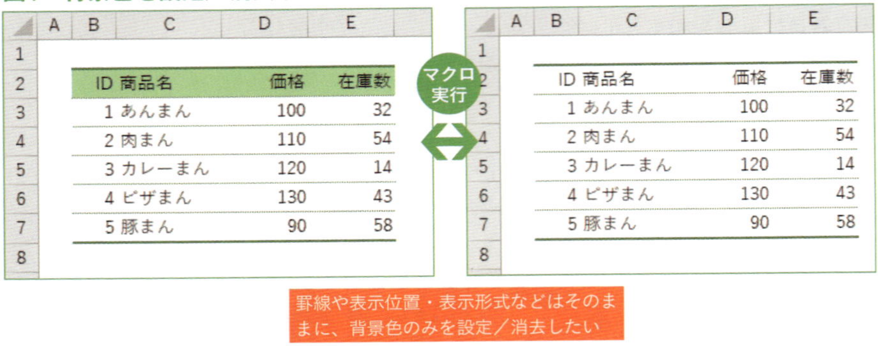

■ マクロで背景色を設定／消去する

マクロからセルの背景色を設定／消去するには、まず、セル範囲を指定し、背景色やフォントなどの見た目に関する情報を扱うオブジェクトである**Interiorオブジェクト**へとアクセスします。

Interiorオブジェクト
```
セル範囲.Interior
```

その上で、3パターンの色指定を行うプロパティ（P.172参照）のいずれかを利用して色を設定すると、背景が塗りつぶされます。例えば、次のコードでは、**RGB値方式**で、セルA1の背景色を「RGB値255,0,0（赤）」に設定します。

背景色を赤に設定する
```
Range("A1").Interior.Color = RGB(255,0,0)
```

設定した背景色をクリアしたい場合、一見すると書式を消去するClearFormatsメソッドでいいように思えますが、この方法では罫線などもクリアされてしまいます。背景色のみをクリアしたい場合には、Interiorオブジェクトの「**Patternプロパティ**」に、「**xlNone**」を指定しましょう。

背景色だけクリアする
```
セル範囲.Interior.Pattern = xlNone
```

セル範囲に背景色を設定／消去する

マクロ「背景色を設定」では、Interiorオブジェクトを使い、3パターンの方法で背景色を設定しています。各方法の詳細はP.172を参照してください。

背景色の設定　　　　　　　　　　　　　　　6-73：背景色の設定と消去.xlsm
```
01  Sub 背景色の設定()
02      'RGB方式
03      Range("B2").Interior.Color = RGB(0, 255, 0)
04      'パレット番号方式
05      Range("C2").Interior.ColorIndex = 5
06      'テーマカラー方式
07      Range("D2").Interior.ThemeColor = 10
08  End Sub
```

背景色を消去するにはInteriorオブジェクトのPatternプロパティで「xlNone」を指定します。

背景色の消去
```
01  Sub 背景色の消去()
02      '背景色のみを消去
03      Range("B2:D2").Interior.Pattern = xlNone
04  End Sub
```

図2：マクロの結果

マクロ「背景色の消去」で、セルの背景色を消去できた

マクロ「背景色の設定」で、セルの背景色を設定できた

ここもポイント ｜ 色の指定はマクロの記録が便利

任意の背景色の具体的な設定コードが知りたい場合には、実際に色を付ける操作をいったんマクロの記録機能で記録してみましょう。

その他の書式設定

074 | 計算式のトレース矢印を一括表示する

図1：トレース矢印を一括表示

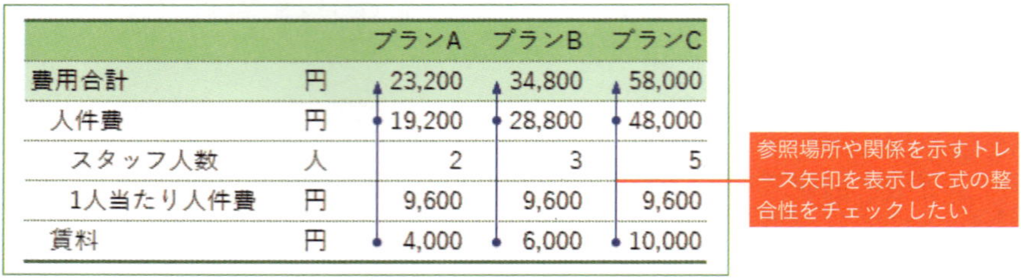

		プランA	プランB	プランC
費用合計	円	23,200	34,800	58,000
人件費	円	19,200	28,800	48,000
スタッフ人数	人	2	3	5
1人当たり人件費	円	9,600	9,600	9,600
賃料	円	4,000	6,000	10,000

> 参照場所や関係を示すトレース矢印を表示して式の整合性をチェックしたい

マクロでトレース矢印を表示する

　ほかのセルを参照している数式のあるセルで、［数式］タブの［参照元のトレース］ボタンをクリックすると、参照元を示す矢印が表示されます。視覚的に参照関係を把握できるうえ、複数セルを比較することで、「矢印がほかと違う箇所」≒「数式が間違っている箇所」を判別しやすくなる便利な機能です。しかしこの機能、1つのセルに対してしか実行できません。複数セルに表示をしたい場合には、その数だけセルを選択し、ボタンをクリックしなくてはなりません。

　そこで、マクロを使ってトレース矢印を一括表示する仕組みを作成してみましょう。トレース矢印の表示は、セルを指定して「**ShowPrecedentsメソッド**」を実行します。

ShowPrecedentsメソッド
```
セル.ShowPrecedents
```

　これをループ処理で選択セル範囲すべてに実行すればOKですね。ちなみに、トレース矢印を消去したい場合には、**［数式］タブの［トレース矢印の消去］ボタンをクリック**すれば、シート上のトレース矢印がすべて消去されます。

選択範囲のトレース矢印を表示する

　参照元のトレースを表示するには、1つ1つのセルでShowPrecedentsメソ

ッドを実行する必要があります。そこでマクロ「トレース矢印表示」では、For Each Nextステートメントで選択範囲内のセルを変数rngとして1つ1つ取り出し、繰り返し処理でメソッドを実行しています。

トレース矢印の表示

6-74：トレース矢印の表示.xlsm

```
01  Sub トレース矢印表示()
02      Dim rng
03      '選択範囲の参照元トレース矢印を表示
04      For Each rng In Selection
05          rng.ShowPrecedents
06      Next
07  End Sub
```

図2：マクロの結果

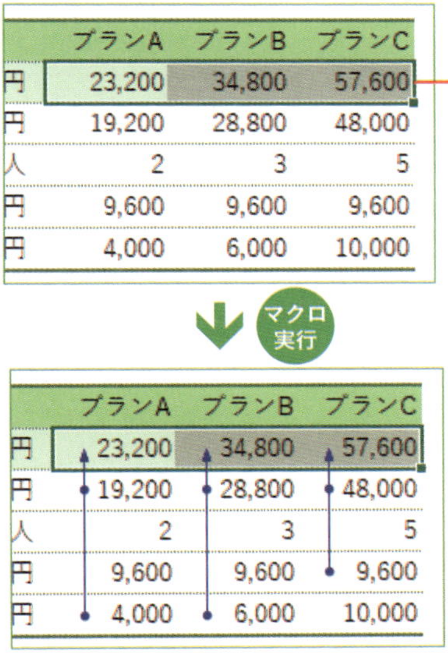

❶ 数式のセル参照が正しいか確認したいセルを選択した状態で、マクロ「トレース矢印表示」を実行

選択範囲のトレース矢印を一括表示できた。複数の矢印を比較することで、視覚的にパッと「ほかと違う参照式」が入力されているセルを見つけ出すことができる

ここもポイント | トレース矢印の消去までマクロで行いたい場合には

トレース矢印の消去までマクロで行いたい場合には、Worksheetオブジェクトに対して、「ClearArrowsメソッド」を実行します。次のコードは、アクティブシートのトレース矢印を一括消去します。

```
ActiveSheet.ClearArrows
```

ClearArrowsメソッドは、個別のセルに対して実行するのではなく、シートに対して実行する点に注意しましょう。

その他の書式設定

075 無記名のコメントをすばやく作成する

図1：無記名コメントの作成

■ マクロでコメントを追加・操作する

　一般操作でセルに追加した「コメント」には、自動的にユーザー名が入力されていますが、このユーザー名を入力していない状態でコメントを追加するマクロを作成してみましょう。マクロでコメントを追加するには、セルを指定し、「**AddCommentメソッド**」を実行します。

AddCommentメソッド

```
With セル.AddComment
    コメントに対する操作
End With
```

　AddCommentメソッドは、追加したコメントを操作できる「Commentオブジェクト」を戻り値として返すので、上記のようにWithステートメントを利用すると、追加したコメントに対する各種操作を行えます。表示するテキストを「Textメソッド」で空白にし、「Visibleプロパティ」を「True」にすれば、画面上に表示できます。

アクティブセルに無記名コメントを追加して表示

マクロ「無記名コメント追加」では、アクティブセルにAddCommentでコメントを追加し、Textメソッドでテキストを空白に、Visibleプロパティで画面に表示を有効にしています。

無記名コメントの追加　　　　　　　　　　　　　　　6-75：コメントの操作.xlsm

```
01  Sub 無記名コメント追加()
02      'アクティブセルにコメントを追加
03      With ActiveCell.AddComment
04          .Text Text:=""          'テキストを空白文字列で初期化
05          .Visible = True         '画面に表示
06      End With
07  End Sub
```

図2：マクロの結果

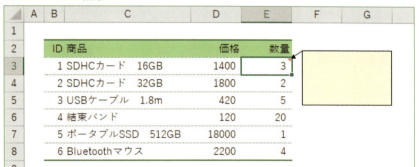

任意のセルを選択してマクロを実行すると、AddCommentメソッドによってマクロからコメントを追加できた。さらに、追加したコメントに対してTextメソッドで表示文字列を初期化し、VisivleプロパティをTrueにして画面上に表示できた

ここもポイント │ 既存のコメントにアクセスする

任意のセルにすでにコメントが作成されている場合には、「Commentプロパティ」でアクセスできます。既存のコメントをクリアするには、次のようにコードを記述します。

```
セル.Comment.Text Text:=""
```

また、セルのCommentプロパティの値を「Nothing」と比較することで、すでにコメントが存在するかどうかをチェックできます。

```
If セル.Comment Is Nothing Then MsgBox "既存コメントはありません"
```

コメントの有無によって処理を切り替えたい場合に利用できますね。

その他の書式設定

076 数式の入力されている セルのみ文字色を設定する

図1：数式の入力されているセルのみ文字色を変更

		プランA	プランB	プランC
費用合計	円	23,200	34,800	58,000
人件費	円	19,200	28,800	48,000
スタッフ人数	人	2	3	5
1人当たり人件費	円	9,600	9,600	9,600
賃料	円	4,000	6,000	10,000

数式が入力されているセルだけ文字色を変更したい

マクロ実行 ↓

		プランA	プランB	プランC
費用合計	円	23,200	34,800	58,000
人件費	円	19,200	28,800	48,000
スタッフ人数	人	2	3	5
1人当たり人件費	円	9,600	9,600	9,600
賃料	円	4,000	6,000	10,000

どこが数式のセルなのかがわかりやすくなった

マクロで数式の入力されているセルのみを取得する

　数式の入力されているセルの文字色を、直接値が入力されているセルとは異なる色にしておくと、「ここは計算式なのだな」「上書きで直接値を入力してはいけないのだな」という情報がユーザーに伝わりやすくなります。

　そこで、マクロを利用して数式の入力されているセルのみを取得し、文字色を変更する仕組みを作成しておくと、シート上や任意のセル範囲内で数式の入力されているセルの文字を一気に着色できます。

　数式の入力されているセルのみを取得するには、セル範囲を指定し、**「SpecialCellsメソッド」の引数に「xlCellTypeFormulas」を指定**して実行します。

数式の入力されているセルのみ取得する
```
セル範囲.SpecialCells(xlCellTypeFormulas)
```

　あとはこの範囲の文字に着色する処理を追加すればOKです。

数式が入力されているセルの文字のみ色を付ける

　SpecialCellsメソッドを使って指定範囲内の数式が入力されているセルを取り出し、フォントの色を変更しています。ここではセルの範囲をRangeプロパティで固定していますが、ActiveCell.CurrentRegionプロパティでアクティブセル領域を取得したり、Selectionプロパティで選択範囲内のセルを取得して処理を行うのもいいでしょう。

数式の文字色を着色　　　　　　　　　　　　　　6-76：数式の文字色着色.xlsm

```
01  Sub 数式に着色する()
02      '数式の入力されているセルのみ取得し、フォントの色を設定
03      Range("D3:F7").SpecialCells(xlCellTypeFormulas).Font.ThemeColor = 9
04  End Sub
```

図2：マクロの結果

	A	B	C	D	E	F
1						
2				プランA	プランB	プランC
3		費用合計	円	23,200	34,800	58,000
4		人件費	円	19,200	28,800	48,000
5		スタッフ人数	人	2	3	5
6		1人当たり人件費	円	9,600	9,600	9,600
7		賃料	円	4,000	6,000	10,000

数式が設定されているセル

マクロを実行すると、SpecialCellsメソッドが引数xlCellTypeFormulasを指定して実行され、数式の入力されているセルのみを取得。そのセル範囲に対してフォントの文字色を設定できた

ここもポイント｜チェックはマクロで色を付けて目視で確認するのがおすすめ

意図したセルに意図した数式が入力されているかどうかは、マクロで機械的に数式に色を付け、それを目視で確認し、意図と違う所が着色されていないかをチェックするのがおすすめです。

特に、長い間使いまわしているブックでは、数式が上書きされてしまっていたり、コピーによりずれてしまったりする場合が出てきます。手作業でなく、マクロで着色することにより、思い込みを排して数式の場所を明確にすることで、間違った状態のセルの発見が用意になります。

Excelの色管理の仕組み

Excelで色を扱う場合には以下の**3種類の方法**が用意されています。

表1：3つの色管理方式

方式	説明
RGB	RGB関数を利用して赤・緑・青で構成される光の三原色の強さを指定して作成したRGB値で色を指定 RGB関数は「RGB(255,100,0)」（赤:255,緑:00,青:0）のように指定
パレットカラー	ブックごとに保存されている56色のパレットを使って指定 パレットの56色は［ファイル］-［オプション］-［保存］欄のいちばん下の［色］ボタンで確認可能
テーマカラー	ブックごとに保存されている12色のテーマカラーを基準に指定 テーマカラー番号は、10色までは下図参照（12色は［ページレイアウト］-［配色］-［色のカスタマイズ］で確認可能）

色が付けられるオブジェクト（背景色のInteriorオブジェクトやフォントのFontオブジェクトなど）には、この**3種類の方式に対応した4つのプロパティ**が用意されています。このうち、好きな方式のプロパティに対応する値を指定すると、その方式での色が着色されます。

表2：3つの色管理のスタイルに対応するプロパティ

方式	対応プロパティ	設定値
RGB	Color	RGB関数を利用したRGB値（定数も可）
パレットカラー	ColorIndex	1~56のパレット番号
テーマカラー	ThemeColor	1~12のテーマカラー番号（定数も可）
	TintAndShade	明るさを-1（暗い）～1（明るい）の間で指定

ちなみに、テーマカラーのみは、ThemeColorプロパティで基準となる色を指定後に、TintAndShadeプロパティでその色の明るさを変化させて微妙な色調整ができるようになっています。テーマカラーの色は、背景色などに色を付ける際に表示されるパレットのうち、いちばん上の列の10色が、1～10の番号に対応しています。

図3：パレットとテーマカラーの関係

ThemeColorプロパティに指定する番号は、パレットのいちばん上の列の10色が1～10の番号に対応している。その下の色を指定したい場合は、さらに、TintAndShadeプロパティで明るさを調整する

Chapter 7

図形やグラフを
手早く美しく整える

図形・グラフの操作

077 よく使う表のパターンをマクロでコピーする

図1：画像やグラフの削除

グラフや図形、ボタンが配置されているシート。ここからボタンを除いた画像（グラフ・図形）のみを削除したい

📗 マクロで図形にアクセス

　シート上に配置された図形・グラフ、そして、ボタンなどは、すべて図形を管理するShapeオブジェクトとして扱われます。任意のシート上にある図形は、「Shapesコレクション」でまとめて管理されています。次のコードは1枚目のシート上にある図形の数を返します。

Shapesコレクション
```
Worksheets(1).Shapes.Count
```

　すべての図形に一括して処理を行うには、For Each Nextステートメントを利用します。

For Each Nextステートメントで図形をまとめて処理
```
Dim shp
For Each shp In Worksheets(1).Shapes
    Shp.Delete                          図形を削除
Next
```

　上記のコードでは、個々の図形に対し、削除を実行するDeleteメソッドを利用しています。結果としてシート上の図形を一括削除できますが、マクロを登録してあるボタンも図形として扱われるため、削除されてしまいます。
　こういった場合には、図形の種類を取得するTypeプロパティを利用し、

その値がフォームであることを示す定数「msoFormControl」であるかどうかを判定し、フォームでない場合のみ削除するようにすればよいでしょう。

アクティブシートのフォーム以外の図形を一括削除

ActiveSheetプロパティのShapesコレクションをFor Each Nextステートメントで処理することで、現在のシート内にあるすべての図形をまとめて操作しています。5行目で、図形のTypeプロパティが「msoFormControl」か確認し、そうでないものを削除しています。

図形の削除　　　　　　　　　　　　　　　　　　　　　7-77：図形の操作.xlsm

```
01  Sub 図形消去()
02      Dim shp
03      For Each shp In ActiveSheet.Shapes
04          'フォーム（ボタンなど）以外であれば削除
05          If shp.Type <> msoFormControl Then shp.Delete
06      Next
07  End Sub
```

図2：マクロの結果

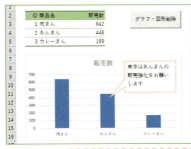 

グラフや図形、ボタン等が配置されているシートから、ボタンを除いた画像（グラフ・図形）のみを削除できた

ここもポイント｜DrawingObjectプロパティを利用した一括削除

フォーム要素も含め、すべての図形を一括削除したい場合には、次のコードでもOKです。

```
ActiveSheet.DrawingObjects.Delete
```

For Each Nextステートメントを利用しなくても一括削除できて便利ですが、「DrawingObjectsプロパティ」は、古いバージョンのVBAで利用されていたプロパティなので、今後も利用できるかどうかは不明です。今後も長く利用するような処理であれば、For Each Nextステートメントを利用した処理にしておくのが無難ですね。

図形・グラフの操作

078 図中の文字列を縦横中央に配置する

図1：図形内のテキスト表示の書式を変更

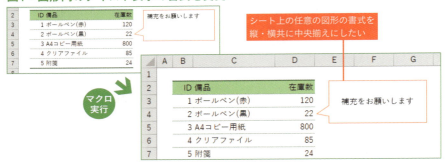

マクロで図形のテキスト枠にアクセス

　図形にテキストを入力したり、書式を設定したりするには、まず、図形を指定し、さらに「**TextFrame2プロパティ**」を通じて、図形の文字を扱う「**TextFrame2オブジェクト**」へとアクセスします。

TextFrame2オブジェクト
```
シート.Shapes("シェイプ名").TextFrame2
```

　この時指定するシェイプ名は、シェイプを選択した際にシート左上の［名前］ボックスに表示されているシェイプ名を使用します。
　また、TextFrame2オブジェクトの書式を設定するには、縦（垂直）方向の書式は**VerticalAnchorプロパティ**を、横（水平）方向の書式は**HorizontalAnchorプロパティ**を利用します。図形を作成した直後は左揃え・上揃えに設定されますが、このマクロを使えば1クリックでまとめて中央揃えに設定できます。

縦方向と横方向の文字揃えを設定
```
With シート.Shapes("シェイプ名").TextFrame2
    .VerticalAnchor = 縦位置を指定する定数
    .HorizontalAnchor = 横位置を指定する定数
End With
```

図形を指定して書式を設定

TextFrame2オブジェクトのVerticalAnchorプロパティに定数「msoAnchorMiddle」、HorizontalAnchorプロパティに定数「msoAnchorCenter」を代入すると、図中の文字列を上下左右中央揃えに設定できます。

ここでは図形の名前を記述することで対象のオブジェクトを指定していますが、3行目のWithの後ろを「Selection.ShapeRange.TextFrame2」のように変更すれば、選択中の図形の文字列をまとめて上下左右中央揃えにすることも可能です。

図形の書式設定　　　　　　　　　　　　　　　　　7-78：図形の書式.xlsm

```
01  Sub 図形の書式設定()
02      '上下中央揃え・左右中央揃えに設定
03      With ActiveSheet.Shapes("吹き出し: 四角形 1").TextFrame2
04          .VerticalAnchor = msoAnchorMiddle
05          .HorizontalAnchor = msoAnchorCenter
06      End With
07  End Sub
```

図2：マクロの結果

「吹き出し：四角形1」という名前の図形

図形内のテキストの、水平・垂直の書式を設定できた

ここもポイント ｜ なぜTextFrame「2」？

シェイプ内のテキストを扱うのは、「TextFrame2オブジェクト」です。なぜ、末尾に「2」が付いているかというと、実は、「TextFrameオブジェクト」も存在するためです。図形（シェイプ）はExcel 2007へのバージョンアップの際に、内部的な仕組みが大きく変更された部分です。その際に以前に利用されていたTextFrameオブジェクトとは別に、TextFrame2オブジェクトが追加されました。Excel 2003以前の環境ではTextFrameオブジェクトを、Excel 2007以降の環境ではTextFrame2を利用するように使い分けましょう。

図形・グラフの操作

079 吹き出し内の テキストを変更する

図1：図形内に表示するテキストを変更

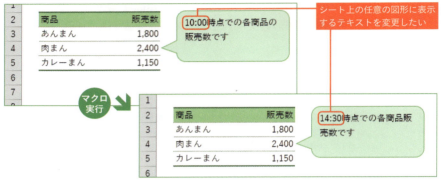

マクロで図形のテキストを変更

　図形に表示するテキストを設定するには、まず、図形を指定し、さらに「TextFrame2オブジェクト」へとアクセスし、さらに「TextRangeプロパティ」を利用して、**TextRange2オブジェクト**へとアクセスし、その**Textプロパティ**の値を変更します。

図形のテキストを変更する

```
シート.Shapes("シェイプ名").TextFrame2.TextRange.Text = "表示したい文字列"
```

　少々目的のプロパティにたどり着くまでに、長めの指定を行いますが、これで表示するテキストをマクロから設定可能です。

　シート上に入力された値に応じて、ユーザーへ表示するメッセージを変化させたいようなケースで活用できますね。なお、Excel 2003以前のシェイプ（図形）の場合には、下記のようにコードを記述します。TextFrameオブジェクト内のCharactersプロパティからTextプロパティを使用します。

図形のテキストを変更する（Excel 2003以前の場合）

```
シート.Shapes("シェイプ名").TextFrame.Characters.Text = "表示したい文字列"
```

単純なテキストの変更であれば、Excel 2007以降でもこちらのコードでOKです。環境に合わせて使い分けてみましょう。

図形を指定してテキストを設定

名前が吹き出し「吹き出し1」の図形をShapeプロパティで指定し、「.TextFrame2.TextRange.Text」と辿ることで、図形のテキストにアクセスしています。4行目の右辺では、Now関数で取得した現在時刻をFormat関数で「12:34」の形式に変換し、文字列「時点での各商品販売数です」と結合しています。

図形のテキスト設定　　　　　　　　　　　　　　　　　7-79：図形のテキスト.xlsm

```
01  Sub テキスト変更()
02      '「吹き出し1」に表示するテキストを変更
03      ActiveSheet.Shapes("吹き出し1").TextFrame2.TextRange _
04          .Text = Format(Now, "hh:mm") & "時点での各商品販売数です"
05  End Sub
```

図2：マクロの結果

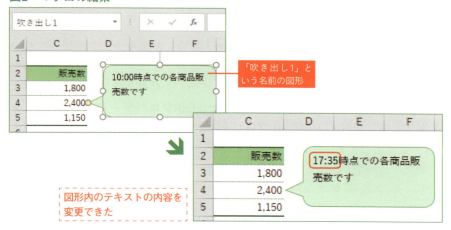

ここもポイント ｜ イベント処理と組み合わせても有効

サンプルブックでは、「イベント処理」という仕組みを組み合わせ、セル範囲C3:C5の値が更新されたタイミングで表示テキスト変更のマクロを実行しています。
本書ではイベント処理は扱いませんが、興味のある方は、Webや書籍などで、「VBA イベント処理」というキーワードで検索をしてみてください。

図形・グラフの操作

080 グラフ・図形の位置や大きさを調整する

図1：図形の位置や大きさを調整

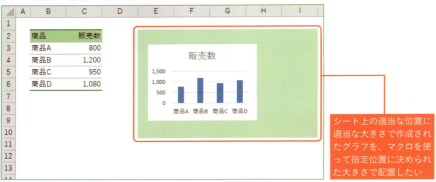

シート上の適当な位置に適当な大きさで作成されたグラフを、マクロを使って指定位置に決められた大きさで配置したい

マクロで図形位置と大きさを設定

　グラフや図形を利用した資料を作成する場合、位置や大きさが統一されていると、スマートな印象の見やすい資料となります。手作業では統一や調整が面倒なこの作業も、マクロならば一発です。図形やグラフの位置を調整するには「**Top**プロパティ（上端の位置）」と「**Left**プロパティ（左端の位置）」を、大きさを指定するには「**Width**プロパティ（横幅）」と「**Height**プロパティ（高さ）」を使用します。

　また、この4種類のプロパティは、Rangeオブジェクトにも用意されています。そこで、基準となるセル範囲のそれぞれの値を、図形の同名のプロパティに代入すれば、基準となるセル範囲の位置・大きさに合わせてグラフや図形を配置できます。

図形の上端とセル範囲の上端の位置を合わせる
```
図形.Top = セル範囲.Top
```

　具体的な数値で指定するよりも、直観的に位置や大きさを想像しやすいので、覚えておくと便利なテクニックですね。

図形を指定して位置と大きさを設定

「グラフ1」のChartObjectとセルE2:I10のRangeオブジェクトを取得し、ChartObjectのTop、Left、Width、HeightプロパティにRangeオブジェクトの同名プロパティの値を代入して、グラフの位置とサイズをセル範囲に合わせています。

図形の配置を調整

7-80：図形の配置.xlsm

```
01  Sub 図形の配置調整()
02      Dim rng
03      Set rng = Range("E2:I10")
04      'グラフの位置や大きさを指定セル範囲を基準に調整
05      With ActiveSheet.ChartObjects("グラフ 1")
06          .Top = rng.Top
07          .Left = rng.Left
08          .Width = rng.Width
09          .Height = rng.Height
10      End With
11  End Sub
```

図2：マクロの結果

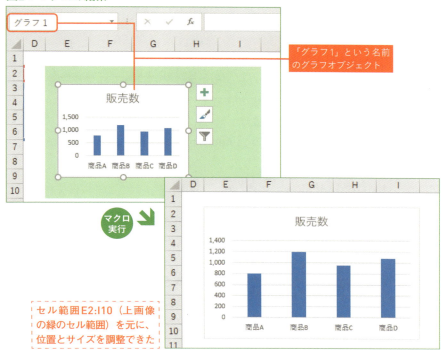

図形・グラフの操作

081 定番のグラフを一瞬で作成する

図1：マクロでグラフを作成

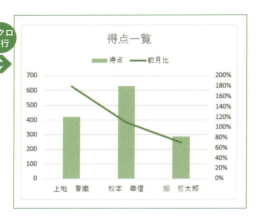

定番の「いつものグラフ」をすばやく作成したい

マクロでグラフを作成

　定期的に発行する報告書や見積書にグラフを盛り込む場合、見慣れた「定番のグラフ」の書式を決めておくと、違和感なくデータと向き合えます。定番のグラフをマクロで簡単に作成できるようにしておくと、見やすい資料を手間なくスピーディに作成できます。

　マクロでグラフを作成するには、「**AddChart2メソッド**」を利用します。

AddChatr2メソッド
```
シート.Shapes.AddChart2 各種引数
```

　AddChart2メソッドは、**実行したときに選択されているセル範囲のデータを元にグラフを作成します**。作成するグラフの種類や位置・大きさは、次ページのような各種引数で指定可能です。なお、**引数を省略すると、Excelが自動的に判断した種類や大きさのグラフが作成されます**。

　適用するスタイルやグラフの種類は対応する定数で指定しますが、どの値を利用すればいいかは、一度、実際に目的のグラフの作成作業を、マクロの記録機能で記録して確認するのがおすすめです。

表1：AddChart2メソッドの引数（抜粋）

引数	用途
Style	グラフに適用するスタイル。「-1」を指定すると自動設定される
XlChartType	グラフの種類
Left	左端の位置
Top	上端の位置
Width	幅
Height	高さ

種類を指定してグラフを作成

　AddChatr2メソッドでアクティブシートにグラフを追加するマクロです。引数「XlChartType」には、円グラフを意味する定数「XlPie」を指定してます。

グラフの作成　　　　　　　　　　　　　　　　7-81：グラフの作成.xlsm

```
01  Sub 種類を指定してグラフ作成()
02      '選択範囲のデータを元に円グラフを作成
03      ActiveSheet.Shapes.AddChart2 XlChartType:=xlPie
04  End Sub
```

図2：マクロの結果

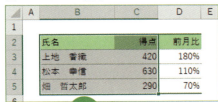

1 セル範囲B2:C5を選択し、マクロを実行

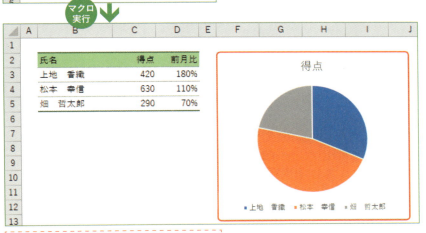

選択範囲のデータを元に円グラフが作成される

タイトルや凡例、第2軸などの表示を調整

グラフのタイトルや凡例の表示、さらには第2軸の設定などを行うには、作成したグラフに対して、対応する各種プロパティ／メソッドを利用して設定を行います。この際、AddChart2メソッドで作成した「図形としてのグラフオブジェクト」の内側の「グラフ」の各要素へのアクセスは、「**Chartプロパティ**」を通じて行います。

例えば、本トピック冒頭のようなグラフをマクロで作成するには、次のようにコードを記述します。

グラフの設定更新

```
01  Sub さらに細かくグラフを設定()
02      Dim rng
03      Set rng = Range("F2:J13")
04      'セルF2:J13の位置に棒グラフを作成し中のグラフにアクセス
05      With ActiveSheet.Shapes.AddChart2( _
06          -1, xlColumnClustered, _
07          rng.Left, rng.Top, rng.Width, rng.Height).Chart
08          '元データの範囲を更新
09          .SetSourceData Range("B2:D5")
10          '「前月比」の列のデータを第2軸として設定
11          .SeriesCollection("前月比").AxisGroup = xlSecondary
12          .SeriesCollection("前月比").ChartType = xlLine
13          '凡例の表示位置を上端に設定
14          .SetElement (msoElementLegendTop)
15          '色の設定
16          .ChartColor = 26
17          'タイトルの設定
18          .ChartTitle.Text = "得点一覧"
19      End With
```

ここもポイント｜Excel 2003以前は「AddChartメソッド」でグラフ作成

Excel 2003以前では、グラフの作成を行うメソッド名は、「AddChartメソッド」（末尾に「2」が付かない）です。各種グラフの設定も少し異なる場合があります。実際にグラフを作成する操作をマクロの記録機能で記録して、自分の環境ではどういったコードを記述すればいいのかを確かめてからマクロの作成に取りかかるのがいいでしょう。

Chapter 8

乱雑なデータから
瞬時に答えを導く

コピーと選択の応用テクニック

082 コピー内容の1行目を除いてペーストする

図1：見出しを除いた内容をペーストする

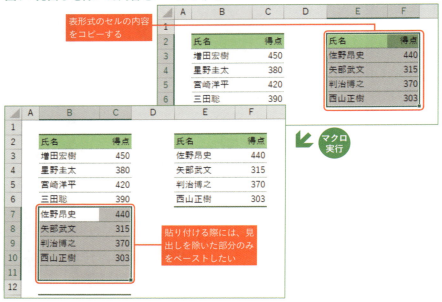

マクロで見出しを除いた範囲をペースト

　表形式のセル範囲を扱うことの多い場合には、「コピーしたセル範囲のうち、1行目を除いてペーストする」仕組みがあると便利です。特に、複数のシートに散らばった表を1つにまとめるような際には、Ctrl+Aや、Ctrl+Shift+*で表全体を素早く選択してコピーしたのちに、転記先のセルを選択してこのマクロを実行すれば、見出しの除いたデータ部分のみをペーストできます。

　とはいえ、すでにコピー済みの内容を修正するのはなかなか大変です。そこで、**いったん1行目も含んだ状態でそのままペーストしたあとで、ペーストの基準となったアクティブセルを含む行部分を削除してしまう**……という考え方でマクロを作成してみましょう。

貼り付けた内容の1行目を削除する

このマクロでは、3行目でコピーしたセルを値のみ貼り付けし、5行目で貼り付けたあとのアクティブセル（1行目・1列目）から表の右端まで選択して、Deleteメソッドで削除しています。

1行目を除いてペースト　　　　　　　　　　　　8-82：1行目を除いてペースト.xlsm

```
01  Sub 見出しを除いてペースト()
02      'クリップボードの内容を値のみ貼り付け
03      ActiveCell.PasteSpecial xlPasteValues
04      'アクティブセルから「右端」までのセルをまとめて削除
05      Range(ActiveCell, ActiveCell.End(xlToRight)).Delete
06  End Sub
```

図2：マクロの結果

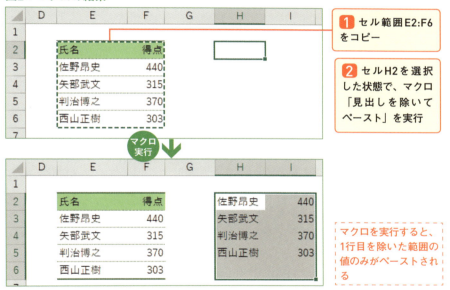

1. セル範囲E2:F6をコピー
2. セルH2を選択した状態で、マクロ「見出しを除いてペースト」を実行

マクロを実行すると、1行目を除いた範囲の値のみがペーストされる

ここもポイント｜あらかじめ見出しを除いたセル範囲をコピーするという方法も

本トピックではペースト後に1行分削除していますが、そもそもコピーする際に、見出しを除いたセル範囲をコピーするマクロを用意する、という方法もあります。P.152などのマクロを利用し、見出しを除いたセル範囲を取得してしまえば、あとはそのセル範囲を通常どおりコピー＆ペーストすればOKです。

コピーと選択の応用テクニック

083 アクティブセルを元に相対的なセル範囲を取得する

図1：選択セル範囲を拡張する

ID	氏名	フリガナ	都道府県	登録日
1	進藤　明義	シンドウ　アキヨシ	東京都	3月1日
2	掛端　嗣元	カケハタ　ツグモト	東京都	3月3日
3	栗山　靖子	クリヤマ　ヤスコ	静岡県	3月6日
4	栃ノ木　月菜	トチノキ　ルナ	愛知県	3月9日

検索機能などで目的の値を持つセルを見つける

選択範囲を拡張して、必要なデータのみを選択してコピーなどの操作をしたい

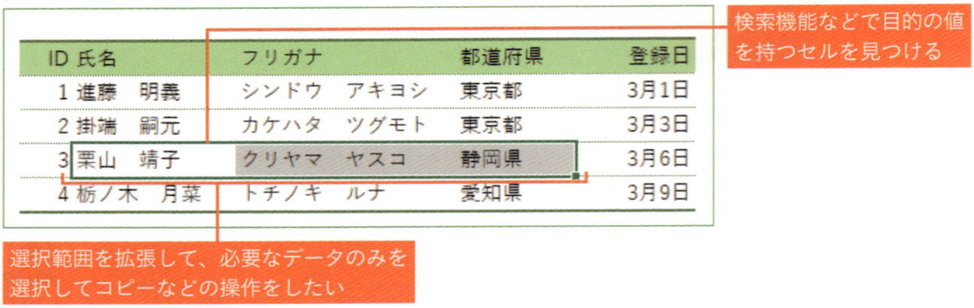

■ マクロで選択範囲を拡張する

　集計に必要なデータを探す場合には、検索機能が便利です。例えば、「氏名」をキーに任意の名前のデータを探すような場合です。このとき、見つけたセルへの移動は検索機能だけで実現できますが、さらにそこから、集計に必要なぶんのデータを選択したりコピーしたりする場合もあるでしょう。通常操作では、Shift＋［矢印］キーで選択範囲を拡張できますが、拡張するセル範囲が決まっている場合には、この選択セル範囲の拡張操作をマクロ化しておくと、一発で目的のセル範囲にアクセスできます。

　マクロで選択セル範囲を拡張するには、基準となるセルを対象のオブジェクトとし、**Resizeプロパティ**を利用します。

Resizeプロパティ
```
セル範囲.Resize(行数, 列数)
```

　例えば、セルA1を基準に2行と3列ぶん拡張したセル範囲を取得し、選択するには、次のようにコードを記述します。

```
Range("A1").Resize(2, 3).Select
```

　このコードは、結果としてセル範囲A1:C2を選択します。この仕組みを、アクティブセルを扱うActiveCellプロパティと組み合わせれば、任意のサイズの選択範囲へと拡張が可能です。

アクティブセルを元に選択範囲を3列分拡張

マクロ「選択範囲を拡張」では、アクティブセルを基点に、Resizeプロパティで横に3列分セル範囲を拡張しています。最後にSelectメソッドで拡張したセル範囲を選択しています。

選択セル範囲を拡張　　　　　　　　　　　　　　　8-83：選択範囲の拡張.xlsm

```
01  Sub  選択範囲拡張()
02        '1行3列分選択セル範囲を拡張
03        ActiveCell.Resize(1, 3).Select
04  End Sub
```

図2：マクロの結果

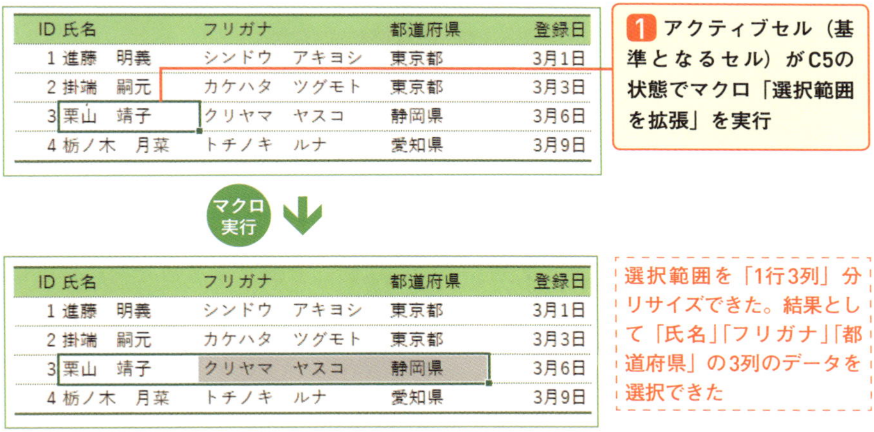

1 アクティブセル（基準となるセル）がC5の状態でマクロ「選択範囲を拡張」を実行

選択範囲を「1行3列」分リサイズできた。結果として「氏名」「フリガナ」「都道府県」の3列のデータを選択できた

ここもポイント　｜　セル範囲を元に拡張することも可能

Resizeプロパティは、単一セルを基準とするだけではなく、セル範囲を基準としてリサイズをすることも可能です。このとき、行の範囲のみを拡張すると、列の範囲は元のセル範囲の大きさを保ちます。例えば、下記のコードは、セル範囲B2:F2を基準に、「5行分」だけリサイズを行います。

```
Range("B2:F2").Resize(5).Select
```

結果は、セル範囲B2:F6が選択されます。表形式のセルの1行分を選択し、そこから任意の行数分のデータをまとめ選択したいような場合に知っておくと便利な仕組みですね。

データの確認・整理

084 セル内に特定の単語が含まれている個数を数える

図1：含まれている単語数をカウントする

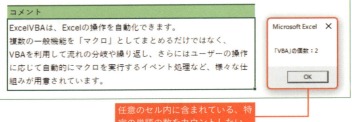

任意のセル内に含まれている、特定の単語の数をカウントしたい

マクロでセル内の特定単語数をカウントする

セルに入力されている文字列内に、特定の単語がいくつ含まれているかをカウントしたい場合には、「**Split関数**」が便利です。Split関数は、本来はカンマ区切りの文字列などを「配列」という状態に分割する関数です。例えば、次の左のコードは、「りんご,みかん,ぶどう」という文字列を「,（カンマ）」を区切り文字として配列に分割します。

結果は、「りんご」「みかん」「ぶどう」という3つの要素を持った配列となります。また、配列の要素数を数えるには、「UBound関数」が利用できます。

Split関数
```
Split("りんご,みかん,ぶどう", ",")
```

UBound関数
```
UBound(配列)
```

この2つの関数を組み合わせることで、「特定の単語を区切り文字としてセルの値を分割し、その要素数を数える」という仕組みで、単語数がカウントできます。

単語の個数をカウントする
```
UBound(Split(対象セル.Value, "特定の単語"))
```

きちんと表形式に整形されていないデータや、ほかのテキストファイルからコピーしてきたデータなどから、特定の単語の数をカウントして集計したい場合に覚えておくと便利な仕組みですね。

セルやセル範囲から単語数をカウント

　左ページで紹介したSplit関数とUBound関数を組み合わせて、アクティブセル内の「VBA」という単語の数を数えています。

アクティブセル内の単語数をカウント　　　8-84：単語数のカウント.xlsm

```
01  Sub  含まれている単語数のカウント()
02      'アクティブセル内の「VBA」の数をカウント
03      MsgBox "「VBA」の個数:" & UBound(Split(ActiveCell.Value, "VBA"))
04  End Sub
```

図2：マクロの結果

アクティブセル内の「VBA」という単語数をカウントできた

　選択セル内の単語数をカウントするには、SelectionプロパティとFor Each Nextステートメントで、単語を数える処理を選択セル数ぶん繰り返します。

図3：選択セル範囲の単語数をカウント　　　8-84：単語数のカウント.xlsm

```
01  Sub  セル範囲に対してカウント()
02      Dim cnt, rng
03      '選択セル範囲内の「りんご」の数をカウント
04      For Each rng In Selection
05          cnt = cnt + UBound(Split(rng.Value, "りんご"))
06      Next
07      MsgBox "「りんご」の個数:" & cnt
08  End Sub
```

図3：マクロの結果

セル範囲内の「りんご」という単語数をカウントできた

ここもポイント｜セル内改行数をカウントすることも

セル内改行を表す「vbLe」の数をカウントすれば、改行数もカウント可能です。

データの確認・整理

085 いつも指定している順番でデータを並べ替える

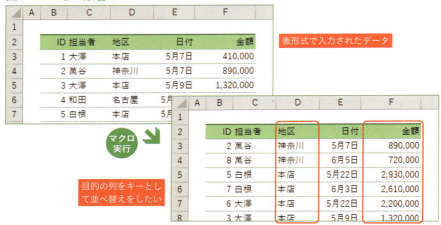

図1：いつもの順番でソート

表形式で入力されたデータ

マクロ実行

目的の列をキーとして並べ替えをしたい

マクロで表形式のデータを並べ替える

　表形式のデータは目的に応じて注目したい列をキーに並べ替えると、格段にデータが読み取りやすくなります。日々データが追加されるタイプの表では、新規データを追加後にあらためて並べ替えが必要です。このようなケースでは、定番の並べ替え順をマクロで登録しておくと、簡単に並べ替えが実行できます。並べ替えをマクロで実行するには、セル範囲を指定して**Sortメソッド**を利用します。

Sortメソッド

```
セル範囲.Sort _
    Key1:=キーとする列の見出しセル，Order1:=昇順／降順，_
    Header:=1行目の扱い，SortMethod:=フリガナの利用
```

　Sortメソッドはさまざまな引数が用意されていますが、上記の4つの引数を覚えておけば、任意の列をキーに並べ替え（ソート）が行えます。**複数列をキーにした並べ替えパターンを作成するには、必要回数だけSortメソッドを繰り返せばOKです。**

セル範囲を指定して並べ替え

ソート範囲は、見出しとなるセル範囲を基準にアクティブセル領域（P.152）を利用して取得し、Sortメソッドを実行するのが効果的です。

表1：Sortメソッドの引数と設定（抜粋）

引数	用途
Key1	ソートの基準とする列の先頭セル
Order1	昇順（xlAscending）／降順（xlDescending）を指定
Header	1行目を見出しとしてソート対象としない場合は、xlYesを、並べ替え対象とするにはxlNoを指定
SortMethod	フリガナを基準にソートする場合には、xlPinYinを、フリガナを基準としない場合にはxlStrokeを指定

セル範囲を指定してソート

8-85：並べ替え.xlsm

```
01  Sub 並べ替え()
02      'セル範囲B2:F2を基準としたセル範囲を、3列目をキーに並べ替え
03      Range("B2:F2").CurrentRegion.Sort _
04          Key1:=Range("D3"), Order1:=xlAscending, _
05          Header:=xlYes, SortMethod:=xlStroke
06  End Sub
```

図2：マクロの結果

	A	B	C	D	E	F
1						
2		ID	担当者	地区	日付	金額
3		2	萬谷	神奈川	5月7日	890,000
4		8	萬谷	神奈川	6月5日	720,000
5		1	大澤	本店	5月7日	410,000
6		3	大澤	本店	5月9日	1,320,000
7		5	白根	本店	5月22日	2,930,000
8		6	大澤	本店	5月22日	2,200,000
9		7	白根	本店	6月3日	2,610,000
10		10	大澤	本店	6月10日	480,000
11		4	和田	名古屋	5月12日	360,000
12		9	和田	名古屋	6月8日	2,390,000

見出しセル範囲（B2:F2）を基準として作成された表形式のデータを、3列目（セルD3）を基準としてソートできた

ここもポイント｜複数列をキーとした並べ替え

Sortメソッドでは、複数列をキーとしたソートも可能です。具体的なコードは、サンプルブックをご覧ください。

データの抽出と活用

086 定番のフィルターでデータを抽出する

図1：いつものルールで抽出

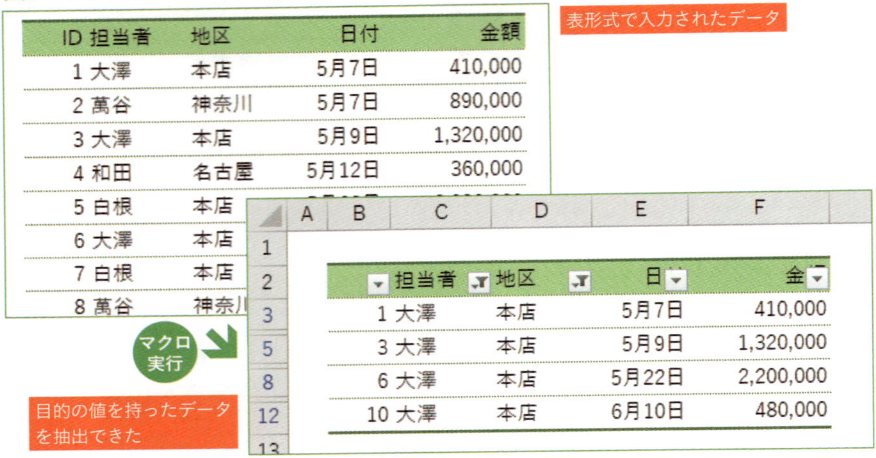

表形式で入力されたデータ

ID	担当者	地区	日付	金額
1	大澤	本店	5月7日	410,000
2	萬谷	神奈川	5月7日	890,000
3	大澤	本店	5月9日	1,320,000
4	和田	名古屋	5月12日	360,000
5	白根	本店		
6	大澤	本店		
7	白根	本店		
8	萬谷	神奈川		

マクロ実行 →

目的の値を持ったデータを抽出できた

	担当者	地区	日	金
1	大澤	本店	5月7日	410,000
3	大澤	本店	5月9日	1,320,000
6	大澤	本店	5月22日	2,200,000
10	大澤	本店	6月10日	480,000

マクロで表形式のデータを抽出する

マクロで表形式のデータを目的に応じて抽出するには、セル範囲を指定して「**AutoFilterメソッド**」を利用します。

AutoFilterメソッド
```
セル範囲.AutoFilter Field:=列番号, Criteria1:=抽出したい値
```

例えば、セル範囲B2:F10の3列目を「本店」という値でフィルターをかけるには、次のようにコードを記述します。

3列目を「本店」でフィルターをかける
```
セル範囲.AutoFilter Field:=3, Criteria1:="本店"
```

複数の列でキーにフィルターをかけたい場合には、同じセル範囲に対してAutoFillterメソッドを繰り返して実行しましょう。また、同じセル範囲に対してAutoFillterメソッドを実行するには、Withステートメント（P.67）を利用するのが便利です。

セル範囲を指定して抽出

　セルB2:F2を基点としたアクティブセル領域にAutoFilterメソッドを2回実行し、フィルタリングを行っています。4行目では表の2列目を「大澤」、5行目では表の3列目を「本店」と条件を指定します。

セル範囲を指定してフィルター　　　　　　　　　　　　　　8-86：フィルター.xlsm

```
01  Sub フィルター実行()
02      '「担当者が『大澤』」、「地区が『本店』」でフィルター
03      With Range("B2:F2").CurrentRegion
04          .AutoFilter Field:=2, Criteria1:="大澤"   '2列目をフィルター
05          .AutoFilter Field:=3, Criteria1:="本店"   '3列目をフィルター
06      End With
07  End Sub
```

図2：マクロの結果

	A	B	C	D	E	F
1						
2		▼	担当者 ▼	地区 ▼	日 ▼	金 ▼
3		1	大澤	本店	5月7日	410,000
5		3	大澤	本店	5月9日	1,320,000
8		6	大澤	本店	5月22日	2,200,000
12		10	大澤	本店	6月10日	480,000

2列目・3列目をキーとして、目的の値を持つデータを抽出できた

ここもポイント｜すでにフィルターがかかっている場合の対処方法

AutoFilterメソッドを同じセル範囲に繰り返し実行すると、前のフィルター設定に重ねてフィルターをかける操作となります。
すでにかけられているフィルターの設定をクリアしてから、あらためてフィルターをかけたい場合には、次のコードをAutoFilterメソッドの前に付け加えてください。

```
'フィルターが存在している場合には既存のフィルター条件を解除
If Not ActiveSheet.AutoFilter Is Nothing Then
    ActiveSheet.ShowAllData
End If
```

内容は、「アクティブシート上にフィルターが存在する場合には、既存のフィルター設定を解除する」というものとなっています。

データの抽出と活用

087 重複を取り除いたリストを作成する

図1：重複を取り除いたリストを作成

	A	B	C	D	E
1					
2		ID	担当者	地区	金額
3		1	大澤	本店	410,000
4		2	萬谷	神奈川	890,000
5		3	大澤	本店	1,320,000
6		4	和田	名古屋	360,000
7		5	白根	本店	2,930,000
8		6	大澤	本店	2,200,000
9		7	白根	本店	2,610,000
10		8	萬谷	神奈川	720,000
11		9	和田	名古屋	2,390,000
12		10	大澤	本店	480,000
13					

> 表形式で入力されたデータの特定列から、重複を削除したリスト（ユニークなリスト）を作成したい

■ マクロでユニークなデータを抽出する

　表形式のデータの入力を続けていく際、特定の列での重複を除いた値のリスト（ユニークな値のリスト）がほしい場面があります。ユニークな値のリストは、その後に入力規則機能のリストとしたり、集計を行う際の基準のリストに再利用したりできますね。

　このユニークな値のリストを得るには、**AdvancedFilterメソッド**が利用できます。

AdvancedFilterメソッド

```
目的の値が入力された列範囲.AdvancedFilter _
        Action:=xlFilterCopy, _
        CopyToRange:=リストを出力するセル, Unique:=True
```

　上記のような形でAdvancedFilterメソッドを利用すると、特定の列のユニークな値のリストを、指定したセルへと書き出すことが可能です。

列範囲を指定してユニークな値のリストを抽出

セルC2:C12の値をAdvancedFilterメソッドを使って、セルG2にコピーしています。コピー先のセルには、元のセルの書式も引き継がれます。

ユニークな値のリストを作成 8-87：ユニーク値抽出.xlsm

```
01  Sub ユニーク値抽出()
02      'セル範囲C2:C12からユニークな値を抽出してセルG2に転記
03      Range("C2:C12").AdvancedFilter _
04          Action:=xlFilterCopy, _
05          CopyToRange:=Range("G2"), Unique:=True
06  End Sub
```

図2：マクロの結果

	A	B	C	D	E	F	G
1							
2		ID	担当者	地区	金額		担当者
3		1	大澤	本店	410,000		大澤
4		2	萬谷	神奈川	890,000		萬谷
5		3	大澤	本店	1,320,000		和田
6		4	和田	名古屋	360,000		白根
7		5	白根	本店	2,930,000		
8		6	大澤	本店	2,200,000		
9		7	白根	本店	2,610,000		
10		8	萬谷	神奈川	720,000		
11		9	和田	名古屋	2,390,000		
12		10	大澤	本店	480,000		

セル範囲C2:C12の列から、ユニークな値のリストを作成・転記できた

ここもポイント ｜ [重複の削除]機能でもユニークな値のリストを作成可能

Excel 2007以降では、一般機能の重複の削除機能を使ってもユニークな値のリストを得られます。表の中からリストを作成したい列のデータを適当な場所へとコピーし、コピーしたデータを選択して、リボンから［データ］-［重複の削除］をクリックして実行すれば完成です。

マクロで行うには、CopyメソッドとRemoveDuplicatesメソッドを利用します。

```
'セル範囲C2:C12の列からユニークな値のリストを作成しセルI2に書き出し
Range("C2:C12").Copy Range("I2")
Range("I2").CurrentRegion.RemoveDuplicates _
Columns:=1, Header:=xlYes
```

データの抽出と活用

088 特定の値を持つセルに色を付ける

図1：特定の値を持つセルに色を付ける

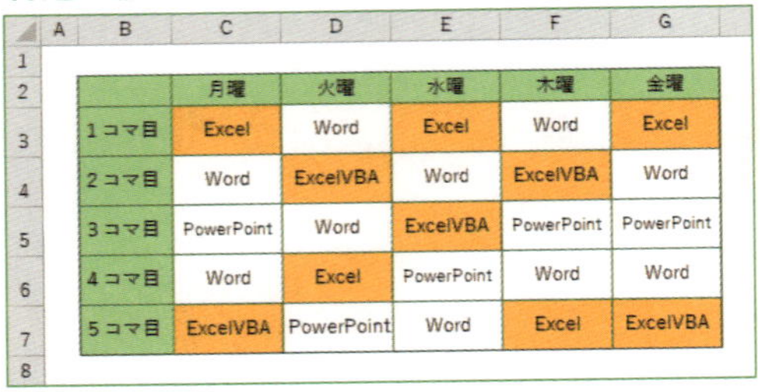

	月曜	火曜	水曜	木曜	金曜
1コマ目	Excel	Word	Excel	Word	Excel
2コマ目	Word	ExcelVBA	Word	ExcelVBA	Word
3コマ目	PowerPoint	Word	ExcelVBA	PowerPoint	PowerPoint
4コマ目	Word	Excel	PowerPoint	Word	Word
5コマ目	ExcelVBA	PowerPoint	Word	Excel	ExcelVBA

任意のセル範囲内において、特定の値を持つセルを探しやすくするために色を付けたい

マクロで条件付き書式機能を設定する

特定の値を持つセルを探す場合に便利なのが、**条件付き書式**機能です。フィルター機能のように特定の1列のみが対象ではなく、好きなセル範囲に対してまとめて色を付けられるため、簡単に特定の値を持つセルを見つけやすくなります。この条件付き書式機能を利用するには、セル範囲を指定して、**FormatConditions.Addメソッド**で条件付き書式を追加し、さらに、背景色の色を指定します。

対象セル範囲.FormatConditions.Add(各種条件).着色用プロパティ ＝ 値

また、任意のセル範囲の条件付き書式を削除するには、**Deleteメソッド**を利用し、次のようにコードを記述します。

対象セル範囲.FormatConditions.Delete

表1：Addメソッドの引数（抜粋）

引数	説明
Type	条件付き書式の種類を定数で指定
Operator	条件付き書式の演算子を指定
Formula1	値を指定
Formula2	演算子（引数「Operator」）に「指定の範囲に含まれる（xlBetween）」「指定の範囲に含まれない（xlNotBetween）」を指定した場合の2つ目の値を指定

セル範囲を指定して条件付き書式を追加する

Addメソッドには4つの引数が用意されています。**引数「Type」**で種類を指定し、**引数「Operator」**で計算方法（「値を持つ」「値を含む」などの評価方法）を指定し、**引数「Formula1」**で値を指定します。各種の引数に指定する種類や計算方法を指定する定数は、実際に条件付き書式の作成作業をマクロの記録機能で記録すると、目的の値が得られます。

次のコードでは、セル範囲C3:G7に「セルの値に"Excel"を含む」場合に、「テーマカラーのアクセント4で色を塗る」という条件付き書式を追加します。コード内の赤い部分が条件の設定箇所、青い部分が色の設定箇所です。

条件付き書式を追加　　　　　　　　　　　　　　　　8-88：条件付き書式.xlsm

```
01  Sub 条件付き書式追加()
02      'セル範囲C3:G7に「Excel」を含むセルを「黄色」にする条件付き書式を追加
03      Range("C3:G7").FormatConditions.Add( _
04          Type:=xlTextString, TextOperator:=xlContains, _
05          String:="Excel" _
06      ).Interior.ThemeColor = xlThemeColorAccent4
07  End Sub
```

また、条件に式を利用する際には、引数Typeを「**xlExpression**」にし、Formula1に数式を指定します。次のコードは、「セルの値が文字列だった場合」という条件式を、ISTEXT関数を利用した式で作成します。

数式で条件付き書式追加　　　　　　　　　　　　　　8-88：条件付き書式.xlsm

```
01  Sub 数式で条件付き書式追加()
02      'セル範囲B2:F6に文字列を「黄色」にする条件付き書式を追加
03      Range("B2:F6").FormatConditions.Add( _
04          Type:=xlExpression, Formula1:="=ISTEXT(B2)" _
05      ).Interior.ThemeColor = xlThemeColorAccent4
06  End Sub
```

図2：マクロの結果

	A	B	C	D	E	F
1						
2		64	VBA	17	VBA	97
3		Excel	19	87	Excel	66
4		VBA	12	Excel	73	VBA
5						

関数式を利用して文字列のみに色を付ける条件付き書式を設定できた

データの抽出と活用

089 フィルターの結果を転記する

図1：フィルターの結果をコピー

マクロでフィルターの結果を転記する

　フィルター機能で抽出した結果をほかの場所へとコピーするには、表形式のセル範囲を指定し、**AutoFilterメソッドでフィルターをかけたあと、同じ範囲をCopyメソッドでコピーして転記するだけでOK**です。転記先には、フィルターの抽出結果のみが貼り付けられます。

　例えば、次のコードでは、セル範囲B2:F2を基準とした表形式のセル範囲に、「3列目の値が"清岡　裕美子"」というフィルターをかけ、セルH2を起点としたセルへその結果だけを貼り付けます。

セル範囲B2:F2を基点としたセル範囲をフィルター＆転記

```
Sub 抽出結果を転記()
    'セル範囲B2:F2を起点としたセル範囲をフィルター＆転記
    With Range("B2:F2").CurrentRegion
        .AutoFilter Field:=3, Criteria1:="清岡　裕美子"
        .Copy Range("H2")
        .AutoFilter
    End With
End Sub
```

　「フィルターの結果は普通にコピーすれば、抽出結果のみが貼り付けられる」という仕組みを利用すると、すっきりとしたコードになりますね。

フィルターの結果を新規シートにコピーする

　抽出結果を新規に追加したシートへと転記してみましょう。次のコードでは、「結果」という名前で新規のシートを追加し、ブックのいちばん後ろ（右端）に移動。その後、AutoFilterメソッドを使って元シートの表からデータを抽出し、「結果」シートに抽出結果をコピーします。また貼り付けを実行する前の12行目では列幅の貼り付けを行い、コピー元と同じ列幅にして、表を読みやすくしています。

　なお、**AutoFilterメソッドは引数なしで実行するとオートフィルター矢印の表示・非表示を切り替えます**。14行目ではこの機能を使って、元表のオートフィルターを解除しています。

フィルターの結果を新規シートにコピー　　　　　　8-89：フィルター結果を転記.xlsm

```
01  Sub 抽出結果を新規シートに転記()
02      '「結果」というシート名で新規シートを作成してブック内の一番右へ移動
03      Dim sht
04      Set sht = Worksheets.Add
05      sht.Name = "結果"
06      sht.Move After:=Worksheets(Worksheets.Count)
07      '1枚目のシートのセル範囲B2:F2を起点としたセル範囲をフィルター&転記
08      With Worksheets(1).Range("B2:F2").CurrentRegion
09          .AutoFilter Field:=3, Criteria1:="清岡 裕美子"
10          '転記する際に列幅もコピーしたいのでCopy後にPasteSpecialで転記
11          .Copy
12          sht.Range("B2").PasteSpecial xlPasteColumnWidths
13          sht.Range("B2").PasteSpecial xlPasteAll
14          .AutoFilter
15      End With
16  End Sub
```

図2：マクロの結果

	A	B	C	D	E	F
1						
2		ID	日付	社員名	フリガナ	金額
3		1	3/19	清岡 裕美子	キヨオカ　ユミコ	13,000
4		24	3/26	清岡 裕美子	キヨオカ　ユミコ	29,000

「結果」シートを新規に追加し、フィルター結果を転記できたところ。元のデータのセル幅も反映しておくと、見やすい表となる

データの抽出と活用

090 「ア」行のデータを抽出する

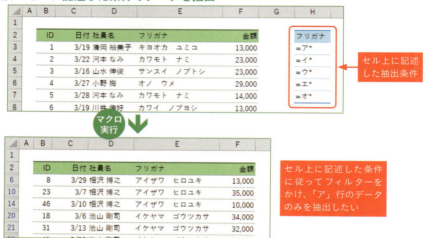

図1：セルに記述した条件でデータを抽出

セル上に記述した抽出条件

セル上に記述した条件に従ってフィルターをかけ、「ア」行のデータのみを抽出したい

マクロでフィルターの詳細設定機能を利用する

　オートフィルターには、セル上に記述した条件に従って抽出を行う、**フィルターの詳細設定機能**が用意されています。抽出条件は、直接セル上に、抽出対象としたい列見出し名を記述し、その下方向に対象とする値を列記して作成します。このとき、「=ア*」のように、「* **(アスタリスク)** 」を使用すると、「任意の文字」を表すワイルドカードとして扱えます。つまりは、「=ア*」という値は、「"ア"から始まって、以降はなんでもよい」という意味になります。

　また、マクロからフィルターの詳細設定機能を利用するには「**AdvancedFilterメソッド**」を利用します。

```
抽出対処データ範囲.AdvancedFilter _
    Action:=xlFilterInPlace, _
    CriteriaRange:=条件を記述したセル範囲
```

　抽出条件の数が多い場合や、「ア」行で始まるデータなど、少し複雑なフィルターをかけたい場合に覚えておくと便利な仕組みです。

「ア」行のデータのみを抽出する

セルB2:F2を基点としたアクティブセル領域に、フィルターの詳細設定機能を使って「ア」行のデータのみを抽出します。

フィルターの[詳細設定]機能の利用

8-90：フィルターオプション.xlsm

```
01  Sub フィルターの詳細設定()
02      'セル範囲B2:F2を起点としたデータを、セル範囲H2:H7に帰順した条件で抽出
03      Range("B2:F2").CurrentRegion.AdvancedFilter _
04          Action:=xlFilterInPlace, CriteriaRange:=Range("H2:H7")
05  End Sub
```

図2：マクロの結果

セル範囲H2:H7に記述された抽出条件。「フリガナ」列の、「アから始まる文字列」をはじめとして、以降、「イ」「ウ」「エ」「オ」それぞれから始まる文字列という合計5つの条件の、いずれかを満たすデータ、という意味の抽出条件となる

5つの条件のいずれかを満たすデータが抽出されたところ。結果として「ア」行のデータが抽出できた

ここもポイント ｜「=」を文字列として入力するには

本文中の条件式、「=ア*」のように、セルにイコールから始まる文字列を入力したい場合には、セルの書式を「文字列」にしてから入力するか、「'=ア*」のように先頭に「'（アポストロフィー）」を付けて入力しましょう。なお、このときのアポストロフィーは「この値は文字列」という意味の特殊な記号となり、セル上には表示されません。

データの抽出と活用

091 抽出したデータから必要な列だけを転記する

図1：抽出条件と転記したい列の見出しを記述してフィルター結果を転記

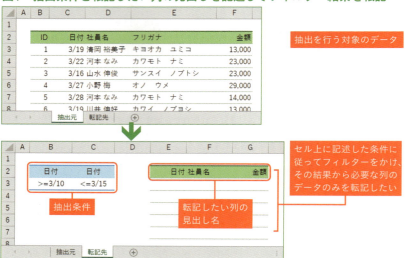

マクロでフィルターの詳細設定機能を利用して転記する

　フィルターの詳細設定機能には、その場でフィルターをかけるのではなく、フィルターの結果を転記する機能も用意されています。この機能をマクロから利用するには、「**AdvancedFilterメソッド**」を次のような形式で利用します。

```
抽出対象データ範囲.AdvancedFilter _
    Action:=xlFilterCopy, _
    CriteriaRange:=抽出条件を記述したセル範囲, _
    CopyToRange:=見出しを記述したセル範囲
```

　AdvancedFilterメソッドの**引数「Action」**に「**xlFilterCopy**」を指定し、あとは抽出条件セル範囲と、必要な列見出しを記述したセル範囲を指定します。
　複雑な抽出条件式をセル上で整理しながら作成し、目的の列のみのデータを取り出せるため、条件を変えて何度もデータの抽出を行う場合にとても便利な機能です。

抽出した結果から必要な列のデータを転記する

「転記先」シートのセル範囲B2:C3を検索条件にAdvancedFirlterメソッドを実行し、「抽出元」シートから条件を満たすデータを「転記先」シートに転記しています。

フィルターの詳細設定機能での転記

8-91：フィルターオプションで転記.xlsm

```
01  Sub フィルター結果を転記()
02      'セル範囲B2:F2を起点としたデータを、セル範囲H2:H7に帰順した条件で抽出
03      Worksheets("抽出元").Range("B2:F2").CurrentRegion.AdvancedFilter _
04          Action:=xlFilterCopy, _
05          CriteriaRange:=Worksheets("転記先").Range("B2:C3"), _
06          CopyToRange:=Worksheets("転記先").Range("E2:G2")
07  End Sub
```

図2：マクロの結果

① 「転記先」シートに記述された抽出条件（セル範囲B2:C3）と、必要な見出し（セル範囲E2:G2）を作成し、マクロ「フィルター結果を転記」を実行

「抽出元」シートに有力されたデータのうち、抽出条件を満たすデータの「日付」「社員名」「金額」の3列のデータのみを転記できた

データの抽出と活用

092 抽出したデータのみのスポット集計を行う

図1：フィルター結果からスポット集計

マクロでフィルター結果のみを対象に集計する

フィルターをかけた結果からデータの個数や合計を集計したい場合には、マクロから**SUBTOTALワークシート関数**を利用するのが便利です。

SUBTOTALワークシート関数
```
Application.WorksheetFunction.Subtotal(計算方法, セル範囲)
```

SUBTOTALワークシート関数は、1つ目の引数に指定した数値に対応した集計方法で、2つ目の引数に指定したセル範囲を集計します。このとき、**セル範囲にフィルターがかけられている場合、フィルターによって抽出されている結果セルのみが集計対象となります**。例えば、次のコードは抽出後のE列のデータ数（値の入力されているセルの個数）を集計して表示します

抽出したE列のデータの数を計算する
```
MsgBox Application.WorksheetFunction.Subtotal(3, Columns("E"))
```

フィルター結果をスポット集計して数値を把握したい場合や、フィルター結果ごとの集計結果を転記したい場合に利用してみましょう。

フィルター結果の個数と合計を求める

SUBTOTALワークシート関数は、第1引数に数値を指定することで、計算方法を変えられます。以下のサンプルコードでは、4行目で第1引数に「2」を指定して数値セルの個数を求め、5行目で第1引数に「9」を指定して合計を求めています。

表1：SUBTOTALワークシート関数の第1引数の値と集計方法（一部抜粋）

引数	集計方法	対応するワークシート関数
1	平均	AVERAGE
2	数値セルの個数	COUNT
3	値の入力されているセルの個数	COUNTA
4	最大値	MAX
5	最小値	MIN
6	積	PRODUCT
7	不偏標準偏差	STDEV
8	標準偏差	STDEVP
9	合計	SUM
10	標本分散	VAR
11	母分散	VARP

E列のスポット集計

8-92：スポット集計.xlsm

```
01  Sub スポット集計()
02      'E列のデータ数と合計を集計
03      With Application.WorksheetFunction
04          MsgBox "個数:" & .Subtotal(2, Columns("E")) & vbLf & _
05                 "合計:" & .Subtotal(9, Columns("E"))
06      End With
07  End Sub
```

図2：マクロの結果

SUBTOTALワークシート関数を利用してフィルター結果のE列の「数値の個数」と「合計」を取得できた

データの抽出と活用

093 コメントの位置と内容を一覧表にまとめる

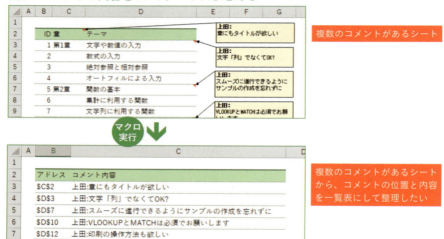

図1：コメントの内容を1つのシートにまとめる

複数のコメントがあるシート

複数のコメントがあるシートから、コメントの位置と内容を一覧表にして整理したい

マクロでコメントの情報を取得する

　Excelのコメント機能を利用している場合、コメントを付けたセルが多くなってくると、1つ1つ確認するのが大変です。このようなときはコメントまとめて一覧表にしてみました。

　マクロであるセルのコメントにアクセスするには、セルを指定して**Commentプロパティ**を利用してコメント（**Commentオブジェクト**）にアクセスします。さらに、**Textプロパティ**を利用すると、コメントの内容を取り出せます。まとめると、次のコードで任意のセルのコメントを取得できます。

セルのコメントを取得
```
セル.Comment.Text
```

　また、コメントを持つセルは、**SpecialCellsメソッド**（P.144）の引数に「**xlCellTypeComments**」を指定することで、まとめて取得できます。

コメントを持つセルをまとめて取得する

ワークシート.Cells.SpecialCells(xlCellTypeComments)

　この2つの仕組みを組み合わせると、任意のシート内にあるコメントの一覧表が作成できます。

セル範囲を指定して条件付き書式を追加する

　次のマクロでは、「コメントのあるシート」上に複数配置されているコメントの位置と内容を、「コメント整理」シートに一覧表としてまとめます。

コメントの場所と内容を書き出し　　　　　　　　8-93：コメントをまとめる.xlsm

```
01  Sub コメントをまとめる()
02      '「コメント整理」シートのセルB3をアクティブにする
03      Application.Goto Worksheets("コメント整理").Range("B3")
04      '「コメントのあるシート」内のコメントに対してループ処理
05      Dim rng
06      For Each rng In Worksheets(1).Cells.SpecialCells(xlCellTypeComments)
07          'コメントの入力されているアドレスと内容を転記
08          ActiveCell.Value = rng.Address
09          ActiveCell.Offset(0, 1).Value = Replace(rng.Comment.Text, vbLf, "")
10          'アクティブセルを1つ下に移動
11          ActiveCell.Offset(1).Select
12      Next
13  End Sub
```

図2：マクロの結果

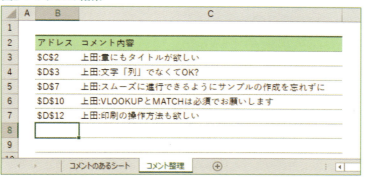

「コメント整理」シートに、「コメントのあるシート」内のコメントの内容を、一覧表としてまとめられた

ここもポイント｜セル参照を知るAddressプロパティ

本文中のマクロでは、「Addressプロパティ」を利用してセルのアドレス（セル参照）を取得しています。Addressプロパティは、任意のセルやセル範囲に対して利用すると、そのアドレス文字列を、「絶対参照の形で」返します。

例えば、　図のようにセル範囲B2:D5を選択して以下のコードを実行すると、「$B$2:$D$5」というアドレスを返します。

```
'選択セル範囲のアドレスを表示
MsgBox Selection.Address
```

図3：Addressプロパティでアドレスを取得

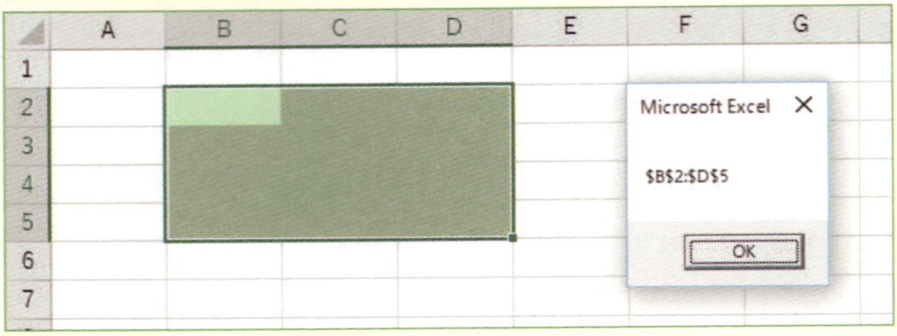

このままでも便利なのですが、絶対参照の「$」マークが不要だという人もいるかと思います。その場合には、Addressプロパティを次のように利用します。

```
'選択セル範囲のアドレスを相対参照で表示
MsgBox Selection.Address(False,False)
```

このコードを、セル範囲B2:D5を選択して実行すると、「B2:D5」というアドレスが得られます。

図4：Addressプロパティで相対参照のアドレスを取得

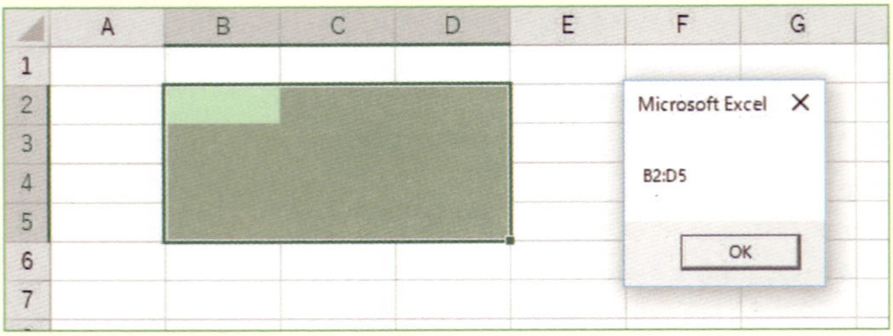

マクロを実行時に選択しているセルのアドレスが必要な場合には、覚えておくと便利な仕組みです。

Chapter 9

データの書き出しと印刷をスマートにこなす

データの書き出し

094 グラフを画像として書き出す

図1：グラフを画像として出力

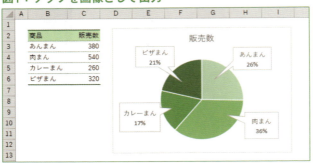

グラフ画像.png

シート上のグラフを画像ファイルとして書き出したい

📗 マクロでグラフを画像として書き出す

　Excelで作ったグラフをWebサイトなどに掲載するには、はじめにグラフを画像に変換する必要があります。マクロを利用してグラフを画像として書き出すには、**書き出したいグラフ（Chartオブジェクト）を指定して、「Exportメソッド」を利用**します。

Exportメソッド

> グラフ.Export 書き出したいパス

　このとき、Exportメソッドの引数には、「グラフをどこに、どんな名前で書き出すか」というパス情報を指定します。例えば、次のコードは、1枚目のシート上にある1つ目のグラフを、「C:¥Excel」フォルダー内に、「グラフ.png」という名前で書き出します。

```
Worksheets(1).ChartObjects(1).Chart.Export "C:¥Excel¥グラフ.png"
```

　また、書き出す画像の形式は、「PNG形式」か、「JPEG形式」のいずれかで書き出せます。パスを指定する際の最後の拡張子を「.png」にすればPNG形式、「.jpg」や「.jpeg」にすればJPEG形式となります。

グラフをブックと同じフォルダー内に画像として書き出す

　アクティブシート内の1つ目のグラフを、ワークブックが保存されているフォルダー内に「グラフ画像.png」として保存しています。グラフを書き出ししたり、ブックを保存したりする場合の基準とするパスを取得するのに便利なのが、「ThisWorkbook.Path」というコードの書き方です。このコードは、「マクロを記述してあるブックが保存されているフォルダーまでのパス」を取得できます。詳しくは、P.216の「ブックが保存されているフォルダーを取得する」を参照してください。

グラフを画像書き出し　　　　　　　　　　　　　　9-94：グラフを画像出力.xlsm

```
01  Sub グラフを画像出力()
02      'ブックと同じフォルダー内に1つ目のグラフを画像書き出し
03      ActiveSheet.ChartObjects(1).Chart.Export _
04          ThisWorkbook.Path & "\グラフ画像.png"
05  End Sub
```

図2：マクロの結果

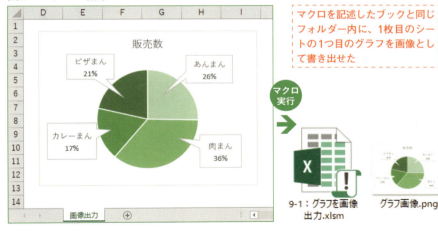

マクロを記述したブックと同じフォルダー内に、1枚目のシートの1つ目のグラフを画像として書き出せた

ここもポイント ｜ 図形は書き出し可能？

シート上に配置した図形（Shapeオブジェクト）には、画像として書き出すExportメソッドは用意されていません。そこで、参照データを持たない空のグラフを作成し、その上に図形を配置してみましょう。この状態でExportメソッドを使いグラフを画像として書き出すと、グラフの上に配置した図形が画像として書き出せます。

データの書き出し

095 日時を付けてコピーを保存する

図1：日時を付けてコピーを保存

特定のブックのバックアップを、同じフォルダー内にある「バックアップ」フォルダー内に作成したい

バックアップするブック名は「元のブック名_年月日.xlsm」という形式で保存したい

マクロでバックアップを作成する

　日々更新するブックがあり、1日ごとに作業状態のバックアップを取っておきたい――通常操作では、いったん元のブックを保存後にエクスプローラーでコピーをしたり、別名で保存をしたりといった操作をしますが、マクロを使えばこのバックアップ作業も一発で行えます。

　マクロでブックのコピーを保存するは、ブックを指定して「**SaveCopyAsメソッド**」を利用します。

SaveCopyAsメソッド

　ブック.SaveCopyAs　バックアップするブックのパス

　この際、保存するブック名にひと工夫加え、日時を付加するような仕組みを作っておくと、いつ作成したバックアップなのかがひと目でわかるようになります。VBAで現在日時を得るには、**Now関数**を使います。Now関数で得た値を元にFormat関数（P.98）で必要な日付の要素のみを取り出します。

　Fomat(Now(),"yyyymmdd")　'2018年2月14日であれば「20180214」となる

　この2つの仕組みを組み合わせると、一発でバックアップが作成できるマクロのできあがりです。

「バックアップ」フォルダーにバックアップを作成

4行目で宣言している変数bkNameはバックアップ時に保存するファイル名です。Split関数で現在のワークブック名（この例では「販売データ.xlsm」）を「.」で分割し、「販売データ」と「xlsm」からなる配列を作り、0番目の要素「販売データ」と、8桁からなる日付の数字を結合しています。

バックアップ作成　　　　　　　　　　9-95：日時を付加して別名保存¥販売データ.xlsm

```
01  Sub バックアップ作成()
02      '自ブックをコピーし、「バックアップ」フォルダー内に保存
03      '「現在のブック名_年月日」という形式のファイル名を作成
04      Dim bkName
05      bkName = Split(ThisWorkbook.Name, ".")(0) & Format(Now, "_yyyymmdd")
06      '現在のブックのコピーを保存
07      ThisWorkbook.SaveCopyAs ThisWorkbook.Path & _
08                              "¥バックアップ¥" & bkName & ".xlsm"
09  End Sub
```

図2：マクロの結果

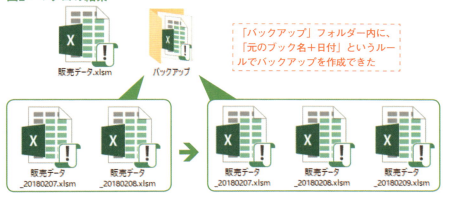

「バックアップ」フォルダー内に、「元のブック名＋日付」というルールでバックアップを作成できた

ここもポイント｜同じファイルがすでに存在する場合には上書き保存する

SaveCopyAsメソッドは、すでに同名のファイルが存在する場合には、上書き保存を行います。つまり、本文中のサンプルでは、「1日に1ファイル」ずつバックアップを管理することになります。1日の作業中でも複数のバックアップを取りたい場合には、日付に加えて時間の情報も加え、「Format(Now, "_yyyymmdd_hhmm")」のような形でファイル名を作成してみましょう。

また、元のブックは保存されません。元のファイルも上書き保存したい場合には、Saveメソッド（P.246）を利用した処理も付け加えておきましょう。

> データの書き出し

096 ブックが保存されているフォルダーを取得する

図1：ブックのパスを取得

Cドライブの「excel」フォルダー内の、さらに「VBA」フォルダー内に保存されているブックのパス情報を取得したい

📝 マクロでブックのパス情報を取得する

　ファイルを開いたり保存したりする際、どこのファイルを扱うかという情報、いわゆる**パス**の情報は、次のような形で記述します。

パスの記述の仕方
ドライブ名:¥フォルダー名¥ファイル名

　例えば、「Cドライブの直下にある"excel"フォルダー内の"vba.xlsm"というブック」を表すパス情報は、「C:¥excel¥vba.xlsm」となります。
　もちろんマクロでも、このパス情報を扱えます。また、Excelのブックの場合には、ブックに対して「**Pathプロパティ**」を利用すると、そのブックの保存されているフォルダーまでのパスが得られます。

Pathプロパティ
ブック.Path

　また、「**ThisWorkbookプロパティ**」を利用すると、「マクロの記述してあるブック」を操作対象として指定できます。この2つの仕組みを組み合わせると、マクロの記述してあるブックのパスが得られます。

マクロの記述してあるブックのパス
ThisWorkbook.Path

この仕組みは、ブックのパスを基準にして、同じフォルダー内のブックを開いたり、同じフォルダー内にブックを書き出したり、といったことに利用できます。

マクロの記述してあるブックのパス情報を取得

このマクロではセルC2～C4に、マクロの記述しているブックが保存されているフォルダーのパス、ファイル名、ドライブ名からファイル名までのフルパスを入力します。マクロの役割にあわせて、Path、Name、FullNameの3つのプロパティを使い分けられるようになりましょう。

ブックの各種パス情報を取得　　　　　　　　　　　　9-96：ブックのパス取得.xlsm

```
01  Sub ブックのパスを取得()
02      'ブックの3種類のパス情報を書き出し
03      Range("C2").Value = ThisWorkbook.Path
04      Range("C3").Value = ThisWorkbook.Name
05      Range("C4").Value = ThisWorkbook.FullName
06  End Sub
```

図2：マクロの結果

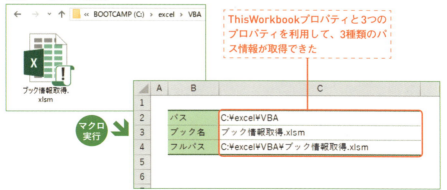

ThisWorkbookプロパティと3つのプロパティを利用して、3種類のパス情報が取得できた

ここもポイント｜ActiveWorkbookプロパティでアクティブなブックにアクセス

「現在アクティブなブック」のパス情報を取得したい場合には、本文中のThisWorkbookプロパティの箇所を「**ActiveWorkbookプロパティ**」に変更しましょう。ActiveWorkbookプロパティは、アクティブなブックに対して操作を行うマクロを作成したい場合に活用できる便利なプロパティです。

データの書き出し

097 保存用フォルダーがない場合に作成する

図1：ブックのパスを取得

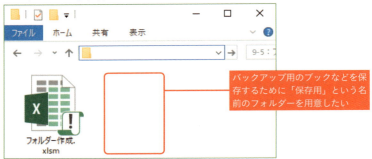

バックアップ用のブックなどを保存するために「保存用」という名前のフォルダーを用意したい

マクロでフォルダーを作成する

　P.214で紹介したテクニックのように、任意のフォルダー内にバックアップ用のファイルを保存するような仕組みを作成する場合、当然ですが、下準備としてフォルダーの作成が必要です。

　実は、このフォルダーの作成作業もマクロから実行することが可能です。マクロでフォルダーを作成するには、「**MkDirステートメント**」を利用します。

MkDirステートメント
```
MkDir フォルダー名を含むパス文字列
```

　しかしこのMkDirステートメントは、すでに同名のフォルダーがある場合にはエラーとなってしまいます。そこで、すでに同名のフォルダーが存在するかどうかを調べる仕組みが必要になります。この処理は「**Dir関数**」を利用すると作成できます。

Dir関数でフォルダーが存在するか確かめる
```
Dir パス文字列, vbDirectory
```

　Dir関数は、上記の形式で利用すると、引数に指定したパスのフォルダーが存在しない場合には、「""**（空白文字列）**」を返します。

この2つの仕組みを組み合わせると、「指定した名前のフォルダーが存在しない場合には作成する」というマクロのできあがりです。

指定した名前のフォルダーがない場合には作成する

このマクロの4行目では、「保存用」フォルダーのパスを組み立てています。このパスが存在しない場合は、MkDir関数で「保存用」フォルダーを作成する――この処理を行うのが5行目のIf Thenステートメントです。「保存用」フォルダーの有無は、Dir関数の返り値（フォルダーが存在しない場合は返り値が空文字でしたね）と空文字「""」を=演算子で比較することで確かめています。

フォルダーの作成　　　　　　　　　　　　9-97：フォルダーを作成する¥フォルダー作成.xlsm

```
01  Sub フォルダーがなければ作成する()
02      'ブックと同じフォルダー内に「保存用」フォルダーがない場合作成する
03      Dim fldPath
04      fldPath = ThisWorkbook.Path & "¥保存用"
05      If Dir(fldPath, vbDirectory) = "" Then MkDir fldPath
06  End Sub
```

図2：マクロの結果

マクロを記述したブックと同じフォルダー内に「保存用」フォルダーを作成することができた

ここもポイント　｜　ファイルがあるかどうかを調べるには

Dir関数の1つ目の引数にファイル名を含むファイルパスを指定して実行すると、そのファイルが存在しない場合には「""」を返します。例えば、次のコードは、「C:¥excel」フォルダー内に「集計用.xlsm」がない場合には「""」を返します（ある場合にはファイル名を返します）。

```
Dir("C:¥excel¥集計用.xlsm")
```

バックアップを保存するような場合に、すでに同名のファイルが存在する場合には、処理の流れを分岐したい場合などに覚えておくと便利な仕組みですね。

データの書き出し

098 セルに作成したリストの名前でブックを連続作成する

図1：複数ブックを連続作成

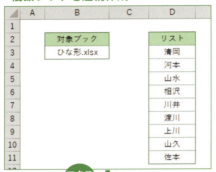

特定のブックのコピーを、セルに記述したリストの名前で連続作成したい

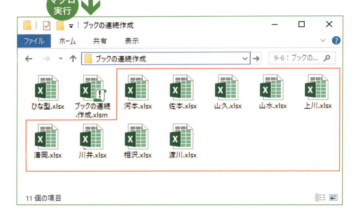

マクロでブックを連続して複製する

　ひな形となるブックを各部署や担当者に配布する際には、ひな形となるブックのコピーを、それぞれ別名で作成したい場合があります。
　この際、ひな形となるブック名と、作成したいブックのリストをセルに書き出しておき、その通りにブックを複製する仕組みをマクロ化しておくと便利です。ブックの複製は、**SaveCopyAsメソッド**（P.214）を利用し、**セルに対するループ処理**（P.130 For Each）の仕組みと組み合わせれば完成です。

選択セル範囲の名前でひな形ブックのコピーを連続作成

このマクロでは、4行目でセルB3の値から複製元のブックを決定し、6行目のFor Each Nextステートメントで選択したセル（セルD3:D11）を繰り返し処理で1つずつ取り出します。取り出したセルの値を元に新しいブックのパスを組み立てて、SaveCopyAsメソッドでそのパスに複製したブックを保存しています。

ブックの連続作成　　　　　　　　　　　9-98：ブックの連続作成¥ブックの連続作成.xlsm

```
01  Sub シート上のリストに沿ってブックを連続作成()
02      Dim bk, rng
03      '対象ブックをセルB3の値から決定（対象ブックは開いている必要あり）
04      Set bk = Workbooks(Range("B3").Value)
05      '選択中のセルの値を元に対象ブックのコピーを作成
06      For Each rng In Selection
07          'セルの値に拡張子「.xlsx」を付けた名前でコピーを作成
08          bk.SaveCopyAs bk.Path & "¥" & rng.Value & ".xlsx"
09      Next
10  End Sub
```

図2：マクロの結果

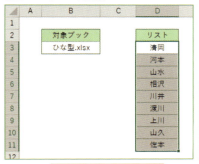

セルB3にコピー元となるブック名を入力し、任意のセル範囲にコピー後のファイル名のリストを作成する。コピー元のブックを開いておき、リスト範囲を選択してマクロを実行すると、コピー元のブックのコピーが作成できる

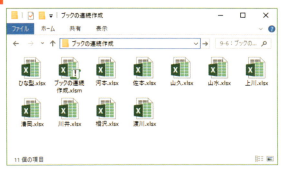

印刷の設定

099 印刷ページ数を知る

図1：印刷ページ数を取得

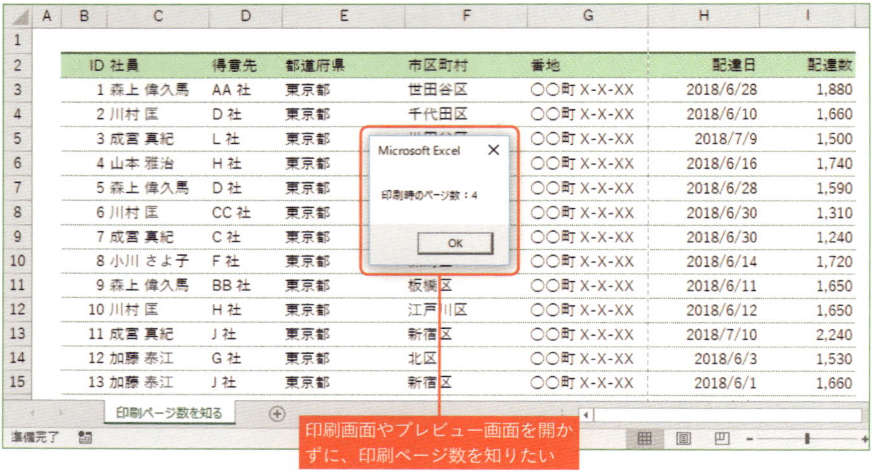

印刷画面やプレビュー画面を開かずに、印刷ページ数を知りたい

マクロで印刷ページ数を知る

　データの入力中に、「今現在のデータ量だと、印刷した場合には何ページ分になるのか」を確認したい場合があります。ページ数は印刷画面や改ページプレビュー画面に移行すればわかるのですが、マクロを用意すれば、わざわざ画面を移行せずに印刷ページ数を知ることも可能です。

　VBAでは、印刷時の水平方向のページ区切り位置の数を**HPageBreaksオブジェクト**の**Countプロパティ**で管理し、印刷時の垂直方向のページ区切り位置の数を**VPageBreaksオブジェクトのCountプロパティ**で管理しています。

```
'水平方向のページ区切り位置数
ワークシート.HPageBreaks.Count
'垂直方向のページ区切り位置数
ワークシート.VPageBreaks.Count
```

　そこで、この2つのプロパティの値を利用すれば、印刷時のページ数を概算できるというわけです。

アクティブシートのページ数を表示する

水平方向のページ区切り位置数と垂直方向のページ区切り位置数にそれぞれ1を足し、合計すると印刷時のページ数が求められます。ブック全体のページ数を取得したい場合は、For Each Nextステートメントで全シート分この処理を繰り返します。

印刷ページ数の表示　　　　　　　　　　　　　9-99：印刷ページ数を知る.xlsm

```
01  Sub 印刷ページ数取得()
02      Dim cnt
03      cnt = (ActiveSheet.HPageBreaks.Count + 1) * (ActiveSheet.VPageBreaks.Count + 1)
04      MsgBox "印刷時のページ数:" & cnt
05  End Sub
```

図2：マクロの結果

水平・垂直方向のページ区切りの数を基準に乗算して、印刷時のページ数を計算できた

ブック全体の印刷ページ数を取得

```
01  Sub ブックの総印刷ページ数取得()
02      Dim cnt, sht
03      'アクティブブック内の全シートにループ処理を行い印刷ページを積算
04      For Each sht In ActiveWorkbook.Worksheets
05          cnt = cnt + (sht.HPageBreaks.Count + 1) * (sht.VPageBreaks.Count + 1)
06      Next
07      MsgBox "ブック印刷時のページ数:" & cnt
08  End Sub
```

ここもポイント｜シート上にグラフや図形があるとカウントがうまく行かない場合も

ページ区切り数を利用した印刷ページ数の概算は、図形やグラフなどの「図」がシート上に配置してある場合にはうまく計算できない場合があります。

印刷の設定

100 改ページを表す点線を非表示にする

図1：印刷後に表示される点線

印刷後には、ページ区切りの位置を示す点線や実線がシートに表示されて見にくくなるので消去したい

マクロで改ページ位置を示す線を非表示にする

　印刷を行ったり、印刷範囲の設定を行ったり、はたまた改ページの位置を自分で設定したりといった、印刷に関わる操作を行うと、シート上に**改ページ位置を表す点線（自動設定された改ページ位置）**や、**実線（ユーザーが設定した印刷範囲や改ページ位置）**が表示されるようになります。これはこれで便利なのですが、印刷に関わる設定を行わない場合には少々じゃまに感じます。

　そこで、これらの点線と実線をマクロで非表示にしましょう。区切り位置の表示設定は、シートごとに「**DisplayPageBreaksプロパティ**」で管理されています。

DisplayPageBreakプロパティで区切り位置を非表示にする
```
シート.DisplayPageBreaks = False
```

　このDisplayPageBreaksプロパティに「False」を指定すれば、区切り位置を非表示にできます。また、再表示させたい場合には、同プロパティに「True」を指定します。

アクティブシートの改ページ線を非表示にする

改ページ位置を非表示にする　　　　　　　　9-100：改ページ位置非表示.xlsm

```
01  Sub 改ページ位置を非表示()
02      'アクティブシートの改ページ位置を非表示にする
03      ActiveSheet.DisplayPageBreaks = False
04  End Sub
```

図2：マクロの結果

1 ページの区切り位置が表示されたシートで、マクロ「改ページ位置を非表示」を実行

ページ区切り位置の表示されたシートから、区切り位置を表す点線や実線を非表示にできた

ここもポイント ｜ 印刷処理と組み合わせてみよう

改ページ位置は、マクロで印刷を行ったり、印刷プレビュー画面を表示したりしても表示されます。これらの操作を行ったあとに、DisplayPageBreaksをFalseにするコードを付け加えておくと、印刷後に改ページ位置を非表示にすることも可能です。

印刷の設定

101 | すばやく印刷プレビュー画面を表示する

図1：印刷プレビュー画面

印刷のプレビューを全画面表示する、[印刷プレビュー]画面で印刷結果を確かめたい

マクロで[印刷プレビュー]画面を表示する

Excelには、[ファイル]-[印刷]を選択すると、バックステージビュー上で印刷結果のプレビューが確認できますが、実はこの画面とは別に、画面いっぱいに印刷プレビューを表示する、**[印刷プレビュー]画面**というものも用意されています。

マクロからこの[印刷プレビュー]画面を表示するには、シートを指定して「**PrintPreviewメソッド**」を利用します。

PrintPreviewメソッド
```
シート.PrintPreview
```

この画面、マウス操作一般操作で表示する場合には少々面倒なのですが、マクロならば簡単にできるので、積極的に活用したいですね。

■ アクティブシートの印刷プレビューを表示する

アクティブシートからPrintPreviewメソッドを呼び出すことで、現在のシートの［印刷プレビュー］画面を表示しています。

印刷プレビュー表示
9-101：印刷プレビュー.xlsm

```
01  Sub 印刷プレビュー表示()
02      'アクティブシートの印刷プレビューを表示
03      ActiveSheet.PrintPreview
04  End Sub
```

図2：マクロの結果

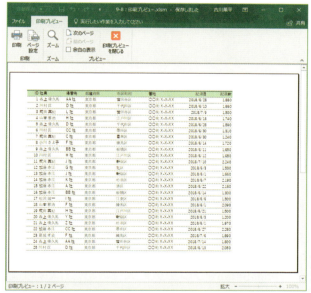

アクティブシートの印刷プレビューを表示できた

ここもポイント｜印刷プレビューは過去の遺産？

Excel 2013現在では、印刷プレビュー画面を表示するボタンは、リボンのカスタマイズなどを行って自分で登録する必要があります。実は印刷プレビュー画面は過去のExcelで利用されていた画面で、現在はバックステージビューでプレビュー画面を確認する、という流れになっています。
全画面で印刷結果を確認できる、なかなか便利な画面ですが、今後は画面自体がなくなるかもしれません。また、一部のタッチデバイス上では印刷プレビュー画面を操作すると不具合が発生する場合もあります。環境を考慮して利用してみましょう。

印刷の設定

102 大きな表をA3用紙1枚に収まるように印刷する

図1：印刷プレビュー画面

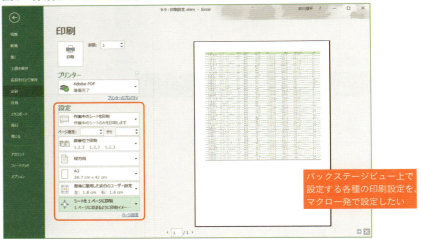

バックステージビュー上で設定する各種の印刷設定を、マクロ一発で設定したい

マクロで印刷の設定を行う

　印刷を行う前には、［ファイル］-［印刷］で表示されるバックステージビュー上の画面で、利用する用紙や向き、余白や拡大率などの設定を行います。

　この設定は、各シートの「**PageSetupオブジェクト**」にまとめられています。マクロから設定を行うには、次のようにPageSetupオブジェクトの対応するプロパティの値を希望の値に設定していきます。

PageSetupオブジェクト
```
シート.PageSetup.印刷関連プロパティ = 値
```

　例えば、1枚目のシートの用紙を「A3」に指定するには、対応するプロパティである「**PaperSizeプロパティ**」を利用して、次のようにコードを記述します。

```
Worksheets(1).PageSetup.PaperSize = xlPaperA3
```

どの印刷設定がどのプロパティに対応しているか、目的に応じた設定を行うための値などは、実際に設定を行い、マクロの記録機能でプロパティや値を確認するのがおすすめです。

アクティブシートに印刷設定を行う

Withステートメントを使い、3行目以降はアクティブシートの印刷設定を行っています。用紙サイズ（PaperSizeプロパティ）はA3、印刷方向（Orentation）は縦、拡大率は縦・横共に用紙1枚に収まるように設定しました。

このほか印刷設定に使用できるプロパティや定数は、P.230でも紹介しています。

印刷設定を行う　　　　　　　　　　　　　　　　　　　9-102：印刷設定.xlsm

```
01  Sub 印刷設定()
02      '「A3用紙」「縦」「1枚に収まるように縮小」という印刷設定を行って印刷
03      With ActiveSheet.PageSetup
04          '用紙設定
05          .PaperSize = xlPaperA3
06          '印刷方向設定
07          .Orientation = xlPortrait
08          '拡大率設定
09          .Zoom = False
10          .FitToPagesWide = 1
11          .FitToPagesTall = 1
12      End With
13  End Sub
```

図2：マクロの結果

 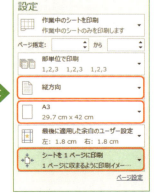

PageSetupオブジェクトの各種プロパティを通して、「用紙はA3」「印刷方向は縦」「拡大／縮小設定は、1ページに印刷」という印刷設定をアクティブシートに設定できた

印刷設定と対応するプロパティ

代表的な印刷設定を行う各種プロパティには次のものが用意されています。

表1：PageSetupオブジェクトのプロパティと印刷設定（抜粋）

プロパティ	設定	設定値の例
PaperSize	用紙の種類	xlPaperA4：A4用紙 xlPaperA5：A5用紙 xlPaperA3：A3用紙 などなど
Orientation	用紙の向き	xlLandscape：横向き xlPortrait：縦向き
Zoom	拡大／縮小率	印刷倍率（％）を10~400の間で指定。また、「False」を指定すると、FitToPagesWide、FitToPagesTallの2つのプロパティの設定値によって倍率が計算される
FitToPagesWide	ページ幅	横幅を何ページ分で収めるかを指定。「1」であれば横幅が1ページに収まる縮小率へと自動設定される
FitToPagesTall	ページの縦幅	縦幅を何ページ分で収めるかを指定。「1」であれば縦幅が1ページ収まる縮小率へと自動設定される
TopMargin BottomMargin RightMargin LeftMargin	それぞれ上・下・右・左の余白	余白の大きさをポイント単位で指定。なお、センチメートル単位で設定したい場合には、「CentimetersToPointsメソッド」を併用する

ここもポイント ｜「横だけ1ページ分に収める」には

縦長の大きな表によくある印刷の設定に、「横幅だけ1ページに収めたい」という場合があります。この場合には、Zoomプロパティを「False」に設定し、FitToPagesWideプロパティを「1」に指定します。FitToPagesTallプロパティは設定しません。これですべての見出しが1ページに収まるように表を印刷できます。

また、印刷の見出し行を「PrintTitleRowsプロパティ」を利用して設定すると、さらに見やすい表となります。次のコードはシートの2行目を印刷の見出し行に設定しています。

```
ActiveSheet.PageSetup.PrintTitleRows = ActiveSheet.Rows(2).Address
```

複数ページに渡る表を印刷する際に覚えておくと便利なテクニックです。

Chapter 10

ブックとシートを自在に操る

ブックとシートを操作する

103 マクロでシートを操作する

マクロでシートを操作する

　マクロでシートに関する操作を行うには、「Worksheetオブジェクト」の仕組みを利用します。Worksheetオブジェクトは、その名のとおりワークシートに関する情報や機能がまとめられたオブジェクトです。任意のシート（Worksheetオブジェクト）を操作対象として指定するには、次のように「**Worksheetsコレクション**」の仕組みを利用します。

Worksheetsコレクション
```
'インデックス番号で指定
Worksheets(1)
'シート名で指定
Worksheets("Sheet1")
```

　「Worksheets」と記述し、その後ろのカッコの中にインデックス番号（左から何番目のシートかの番号）、もしくはシート名を指定します。操作対象の指定ができたら、続けて、プロパティやメソッドを記述すれば希望の操作が行えます。例えば、次のコードは、シート名を扱う「**Nameプロパティ**」を利用して、1枚目のシートのシート名を表示します。

Nameプロパティ
```
Msgbox Worksheets(1).Name
```

　また、「アクティブなシート（画面に表示されているシート）」を操作するには、「**ActiveSheetプロパティ**」が利用できます。次のコードは、アクティブなシートのシート名を表示します。

アクティブシートのシート名を表示
```
Msgbox ActiveSheet.Name
```

　このように、**対象シートを指定し、続けてプロパティやメソッドを記述する**のが、マクロからワークシートを扱う際の基本となります。

シートの各種情報にアクセス

次のマクロでは、セルC2にWorksheetsコレクションでセルの数、セルC3にアクティブシートの名前、セルC4にアクティブシートのインデックス番号を入力しています。

シートの情報を取得 10-103：シートの操作.xlsm

```
01  Sub シートの操作()
02      '総シート数を書き出し
03      Range("C2").Value = Worksheets.Count
04      'アクティブシートの各種情報を書き出し
05      Range("C3").Value = ActiveSheet.Name
06      Range("C4").Value = ActiveSheet.Index
07  End Sub
```

図1：シートの情報を取得

Worksheetsコレクションや
Worksheetオブジェクトを利用
して、シートの情報を取り出せた

Worksheetオブジェクトは、次のようにさまざまなプロパティで情報を取り出したり、シートを操作したりすることができます。

表1：シートを操作する際によく使うプロパティやメソッド

プロパティ／メソッド	用途
Nameプロパティ	シート名の取得／設定
Indexプロパティ	インデックス番号の取得
Selectメソッド	シートをアクティブにする
Moveメソッド	シートの位置を移動
Copyメソッド	シートをコピー
Deleteメソッド	シートの削除
PrintOutメソッド	シートの印刷
PrintPreviewメソッド	シートの印刷プレビュー

ブックとシートを操作する

104 マクロでブックを操作する

マクロを使ってブックの情報にアクセスしたり、操作を行いたい

図1：ブックの情報を取得

開いているブック数	2
このブックのブック名	ブックの操作.xlsm
このブックのパス	C:¥excel¥VBA

▌マクロでブックを操作する

　マクロでブックに関する操作を行うには、「**Workbookオブジェクト**」の仕組みを利用します。Workbookオブジェクトは、その名の通りワークブックに関する情報や機能がまとめられたオブジェクトです。任意のブック（Workbookオブジェクト）を操作対象として指定するには、次のように「**Workbooksコレクション**」の仕組みを利用します。

Workbookコレクション
```
'ブック名で指定
Workbooks("集計用.xlsx")
```

　「Workbooks」と記述し、その後ろのカッコの中にブック名を指定します。続けて、プロパティやメソッドを記述すれば希望の操作が行えます。例えば、次のコードは、ブックのパスを扱う「**Pathプロパティ**」を利用して、「集計用.xlsx」というブックのパスを表示します。

```
Msgbox Workbooks("集計用.xlsx").Path
```

　また、「アクティブなブック」を操作するには、「**ActiveWorkbookプロパティ**」を利用するとよいでしょう。次のコードは、アクティブなブックのパスを表示します。

```
Msgbox ActiveWorkbook.Path
```

　もう1つ、「マクロを記述してあるブック」を操作対象に指定したい場合には、「**ThisWorkbookプロパティ**」も利用できます。次のコードは、実行する

マクロが記述してあるブックのパスを表示します。

```
Msgbox ThisWorkbook.Path
```

このように、「対象ブックを指定し、続けてプロパティやメソッドを記述する」というのが、マクロからブックを扱う際の基本となります。

ブックの各種情報にアクセス

マクロ「ブックの操作」では、セルC2にWorkbooksコレクションで開いているブックの数、セルC3にアクティブブックの名前、セルC4にアクティブブックのパスを入力しています。

ブックの情報を取得　　　　　　　　　　　　　　　　　　10-104：ブックの操作.xlsm

```
01  Sub ブックの操作()
02      '開いているブック数を取得
03      Range("C2").Value = Workbooks.Count
04      'アクティブなブックの情報を取得
05      Range("C3").Value = ActiveWorkbook.Name
06      Range("C4").Value = ActiveWorkbook.Path
07  End Sub
```

図2：マクロの結果

	A	B	C
1			
2		開いているブック数	2
3		このブックのブック名	ブックの操作.xlsm
4		このブックのパス	C:¥excel¥VBA

> WorkbooksコレクションやWorkbookオブジェクトを利用して、ブックの情報を取り出せた

Worksbookオブジェクトは、次のようにさまざまなプロパティで情報を取り出したり、シートを操作したりすることができます。

表1：ブックを操作する際によく使うプロパティやメソッド

プロパティ／メソッド	用途
Nameプロパティ	ブック名の取得
Pathプロパティ	ブックが保存されているフォルダーへのパスを取得
Closeメソッド	ブックを閉じる
Saveメソッド	ブックを上書き保存
SaveAsメソッド	ブックを別名保存
SaveCopyAsメソッド	ブックのコピーを保存

ブックとシートを操作する

105 マクロでシートの追加・削除を行う

図1：シートの追加と削除

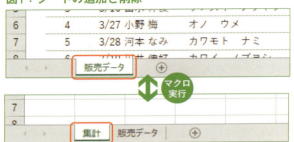

マクロを使ってシートの追加や削除を行いたい

マクロでシートを追加

マクロで新規シートを追加するには、「**Worksheets**コレクション」に対して、「**Add**メソッド」を実行します。

Addメソッド
```
Worksheets.Add
```

Addメソッドを実行すると、その結果（戻り値）として、追加した新規シートを扱うWorksheetオブジェクトを返します。この仕組みを利用すると、「新規にシートを追加」「追加したシートのシート名を変更」という2つの操作を、次のようなコードで実行できます。

```
'新規シートを追加し、シート名を「集計」に変更
Worksheets.Add.Name = "集計"
```

このようにVBAでは、「何か新しいオブジェクトを追加する」際には、Addメソッドを使用します。Addメソッドは、個々のオブジェクトではなく、同じ種類のオブジェクトをまとめて扱うコレクションに対して実行します。

シートであれば、「Worksheetsコレクション」、ブックであれば「Workbooksコレクション」のAddメソッドを利用します。**"新規追加はコレクションにAdd"** と覚えておきましょう。

マクロを記述してみよう

シートを削除するには、削除したいシートに対して**Deleteメソッド**を実行します。次の右のコードは、1枚目のシートを削除します。

Deleteメソッド
ワークシート.Delete

1枚目のシートを削除
Worksheets(1).Delete

このようにVBAでは、オブジェクトを削除する場合には、個別のオブジェクトに対してDeleteメソッドを実行します。**"削除は個別のオブジェクトにDelete"** と覚えておきましょう。

新規シートの追加　　　　　　　　　　　　　10-105：シートの追加削除.xlsm

```
01  Sub シートの追加()
02      'シートの追加はWorksheetsコレクションのAddメソッド
03      Worksheets.Add.Name = "集計"
04  End Sub
```

シートの削除　　　　　　　　　　　　　　　10-105：シートの追加削除.xlsm

```
01  Sub シートの削除()
02      'シートの削除は個々のWorksheetオブジェクトのDeleteメソッド
03      Worksheets("集計").Delete
04  End Sub
```

ここもポイント | 確認メッセージを非表示にする

Dleteメソッドで削除処理を行うと、次のような警告・確認メッセージが表示されます。

図2：警告メッセージ

この確認メッセージを表示させずに削除処理を実行したい場合には、下記のコードのように、「Application.DisplayAlertsプロパティ」の値を変更して警告表示をいったんオフにし、削除処理実行後に元に戻すようにします。

```
Application.DisplayAlerts = False   '警告の表示設定をオフ
Worksheets("集計").Delete
Application.DisplayAlerts = True    '警告の表示設定を元に戻す
```

ブックとシートを操作する

106 新規シートを末尾（いちばん右）に追加する

図1：右端にシートを追加

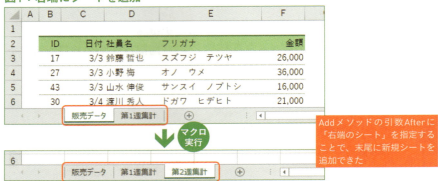

Addメソッドの引数Afterに「右端のシート」を指定することで、末尾に新規シートを追加できた

■ マクロで右端に新規シートを追加する

シートを追加する際に、Addメソッドの引数**「After」**に任意のシートを指定すると、そのシートの後ろに新規シートが追加されるようになります。

```
Worksheets.Add After:=対象シート
```

この仕組みを利用すると、新規シートをブック内のいちばん右側へと追加できます。**新規シート追加前の「いちばん右のシート」は、ブック内でインデックス番号がいちばん大きいシートです**。この値は「Worksheets.Countプロパティ」で、ブック内の総シート数を数えることで取得できます。つまり、「いちばん右側のシート」は、次のコードで取得できます。

```
Worksheets(Worksheets.Count)
```

このコードをAddメソッドの引数Afterに指定すれば、新規シートを常にいちばん右側に追加するコードのできあがりです。

```
Worksheets.Add After:= Worksheets(Worksheets.Count)
```

新規シートを末尾に追加したい場合に覚えておくと便利なテクニックですね。

マクロでシートを末尾に追加

マクロで新規シートを末尾に追加し、戻り値のNameプロパティに文字列を代入することで、同時にシート名を変更しています。

新規シートを末尾に追加　　　　　　　　　　　　　10-106：シートを右端に追加.xlsm

```
01  Sub  シートを右端に追加()
02        'シートをいちばん右に追加し、名前を変更
03        Worksheets.Add(After:=Worksheets(Worksheets.Count)).Name = "第2週集計"
04  End Sub
```

図2：マクロの結果

Addメソッドの引数After に「右端のシート」を指定 することで、末尾に新規シ ートを追加できた

ここもポイント ｜ 引数を指定したメソッドの戻り値を利用したい場合はカッコで囲む

次のコードは、ブック内の「2枚目」の位置に新規シートを追加します。

```
Worksheets.Add After:=Worksheets(1)
```

それに対し、次のコードは、ブック内の「2枚目」の位置に新規シートを追加し、名前を変更します。

```
Worksheets.Add(After:=Worksheets(1)).Name = "集計用"
```

この2つのコードを見比べると、1つ目では、Addメソッドの引数をカッコで囲んでいませんが、2つ目ではカッコで囲んでいます。この記述の違いは、「戻り値を利用するかどうか」で変わってきます。とりあえずは、「戻り値を利用したい場合はカッコで囲む」「戻り値を特に利用せずに実行しっぱなしでいいならばカッコで囲む必要はない」くらいの感覚で頭に入れておきましょう。

ブックとシートを操作する

107 | 場所を指定してシートをコピーする

図1：右端にシートをコピー

マクロでシートをコピーする

　シートをコピーするには、コピーしたいシートを指定して**Copyメソッド**を実行します。このとき、**引数After**に基準とするシートを指定すると、そのシートの後ろ（右側）へとシートがコピーされます。

```
シート.Copy After:=基準シート
```

　CopyメソッドはAddメソッド（P.236）とは異なり、戻り値がありません。そのため、コピー後にシートの名前を変更する場合には、コピー後のシートを取得する仕組みが必要になります。

　そこでおすすめなのが、あるシートの「次のシート」を取得できる**Nextプロパティ**を利用する方法です。

```
'基準とするシートを変数に格納する
Dim sht
Set sht = 基準シート
'基準とするシートの右側へとコピー
コピー元のシート.Copy After:=sht
'基準とするシートの右側のシート（コピーしたシート）を操作する
sht.Next.Name = "コピーしたシートの新しい名前"
```

　基準とするシートを変数に格納しておき、Copyメソッドの引数に利用してコピーし、コピー後のシートへはNextプロパティを通じて操作を行います。

マクロで任意のシートのコピーを末尾に追加

　3行目で右端のシートのオブジェクトを取得し、8行目で「ひな形」シートをそのオブジェクトの後ろに追加しています。9行目では、新たに追加したWorksheetオブジェクトをNextプロパティで取得して、シートの名前を変更しました。

シートのコピーを末尾に追加　　　　　　　　　　　　　10-107：シートのコピー.xlsm

```
01  Sub シートを右端にコピー()
02      '現在の右端のシートを取得
03      Dim sht
04      Set sht = Worksheets(Worksheets.Count)
07      '「ひな形」シートを末尾へコピーし、コピーしたシートの名前を変更
08      Worksheets("ひな形").Copy After:=sht
09      sht.Next.Name = "佐野"
10  End Sub
```

図2：マクロの結果

「ひな形」シートを「マクロ実行時に右端のシート」の後ろへとコピーし、シート名を変更できた

ここもポイント　「前のシート」の場合には「引数Before」と「Previousプロパティ」

任意のシートの「前」へとコピーしたい場合には、引数Afterの代わりに引数「Before」を利用します。さらに、あるシートの「左側」のシートを取得するには、Nextプロパティの代わりに「Previousプロパティ」を利用します。

```
Dim sht
Set sht = Worksheets(1)                       '基準シート指定
Worksheets("ひな形").Copy Before:=sht         '基準シートの左側にコピー
Sht.Previous.Name = "コピー後のシート名"      'コピー後のシート名を変更
```

常に先頭にシートを追加したい場合などに覚えておくと便利なテクニックですね。

ブックとシートを操作する

108 | ブックを開いて操作する準備をする

図1：ブックを開いて任意のセルを選択する

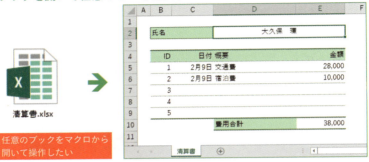

任意のブックをマクロから開いて操作したい

マクロでブックを開く

　マクロからブックを開くには、Workbooksコレクションの「**Openメソッド**」を実行します。

```
Workbooks.Open 開きたいブックのパス
```

　次のコードでは、「C:¥excel」フォルダー内にある「清算書.xlsx」というブックを開きます。

```
Workbooks.Open "C:¥excel¥清算書.xlsx"
```

　また、単にブックを開くだけでなく、データを書き込んだり、取り出したりといった操作を行いたい場合が多いでしょう。Openメソッドは、戻り値として開いたブックを扱うWorkbookオブジェクトを返します。次のコードのようにブックを扱う変数を宣言しておき、Openメソッドでブックを開くと同時に変数にセットするコードを覚えておくと、変数を通じてその後のブック操作を行えるようになります。

```
Dim bk
Set bk = Workbooks.Open("C:¥excel¥清算書.xlsx")
'以降、変数bkを通じて開いたブックを操作できる
```

マクロでブックを開いて任意のシート上のセルを選択

4行目で「精算書」という名前のエクセルファイルを開き、そのWorkbookオブジェクトを変数bkに代入しています。その後、8行目でそのブックの1番目のシートを選択し、9行目でセルD2を選択しています。マクロからブックを開いてシートをコピーしたり、セルから情報を読み込んで作業をしたいときに便利なテクニックです。

ブックを開く

10-108：ブックを開いて操作する.xlsm

```
01 Sub ブックを開いて操作()
02   'マクロを記述したブックと同じフォルダー内にある「清算書.xlsx」を開く
03   Dim bk
04   Set bk = Workbooks.Open(ThisWorkbook.Path & "¥清算書.xlsx")
07   '変数を通じて開いたブックを操作。1枚目のシートのセルD2を選択する
08   bk.Worksheets(1).Select
09   bk.Worksheets(1).Range("D2").Select
10 End Sub
```

図2：マクロの実行結果

Openメソッドでブックを開き、戻り値を格納した変数を通じて開いたブックに対する操作を実行できた

ここもポイント｜パスワードのかかったブックを開くには

パスワードで保護されているブックを開くには、Openメソッドの引数「Password」にパスワード文字列を指定して実行します。

```
'パスワード「pass」で保護されたブックを開く
Workbooks.Open "C:¥excel¥清算書(パス付).xlsx", Password:= "pass"
```

上記のコードでは、「C:¥excel」フォルダー内にある「清算書（パス付）.xlsx」ブックを、パスワードに「pass」を指定して開きます。

ブックとシートを操作する

109 | マクロで新しいブックを追加する

図1：新規ブックを追加して操作する

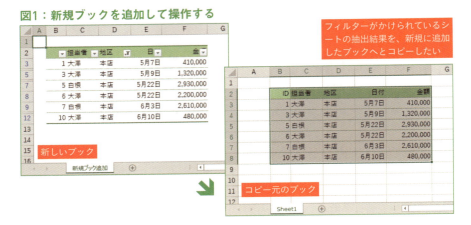

フィルターがかけられているシートの抽出結果を、新規に追加したブックへとコピーしたい

新しいブック

コピー元のブック

📝 マクロでブックを作成する

　マクロで新規ブック追加するには、Workbooksコレクションに対して**Addメソッド**を実行します。また、**Addメソッドは戻り値として新規作成したブックを返す**ため、以下のようにコードを記述し、変数を通じて新規追加したブックに対する操作を行うのがおすすめです。

```
Dim bk
Set bk = Workbooks.Add
'以降、変数bkを通じて開いたブックを操作できる
```

　例えば、次のコードでは、新規ブックを追加し、1枚目のシートのセルA1に「Hello」と入力します。

```
'新規ブックを追加してセルA1に「Hello」と入力
Dim bk
Set bk = Workbooks.Add
bk.Worksheets(1).Range("A1").Value = "Hello"
```

　単にブックを追加するだけではなく、そのあとになんらかの操作を行う場合に覚えておくと便利なテクニックですね。

マクロで新規ブックを追加して既存シートの内容をコピー

新規ブックを追加してコピー

10-109：新規ブックの追加.xlsm

```
01  Sub 新規追加したブックにコピー()
02      Dim bk
03      'セル範囲B2:F12をコピーしておく
04      Range("B2:F12").Copy
07      '新規ブックを追加し、1枚目のシートのセルB2にペースト
08      Set bk = Workbooks.Add
09      With bk.Worksheets(1).Range("B2")
10          .PasteSpecial xlPasteColumnWidths
11          .PasteSpecial xlPasteAll
12      End With
13  End Sub
```

図2：マクロの実行結果

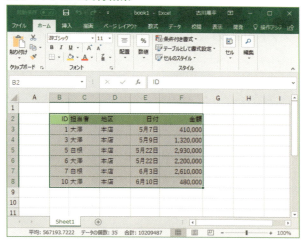

Worksheetsコレクションに対してAddメソッドを実行し、新規ブックを追加できた。また、Addメソッドの戻り値をセットした変数を通じて、新規ブックに既存シートのデータをコピーする操作を行えた

ここもポイント │ 「新規追加」はアクティブなものが変わる

ブックの追加やシートの追加などを行うと、その時点でアクティブなブックやシートは、「新規追加したもの」に変わります。そのため、新規ブック追加後に、既存のシートのセルA1をコピーするつもりで「Range("A1").Copy」とコードを記述した場合、コピーされるセルは、「新規追加したブックのシート上のセルA1」となります。

シートやブックを追加する場合には、この「アクティブなもの」の推移に注意して、何を操作したいのかをしっかり把握して指定するようにしましょう。

ブックの保存と終了

110 ブックの保存と上書き保存をする

■ マクロでブックを保存する

　ブックを保存する場合、マクロですでに一度保存済みのブックを上書き保存するには、ブックのオブジェクトで**Saveメソッド**を実行します。

Saveメソッド
```
ブック.Save
```

　それに対して、初めて保存する場合や、別名を付けて新規に保存しなおしたい場合には、**SaveAsメソッドの引数に、パス込みのブック名を指定して実行**します。

SaveAsメソッド
```
ブック.SaveAs  保存先パスとブック名
```

　例えば、アクティブなブックを上書き保存するには、次のようにコードを記述します。未保存のファイルの場合は、「Book1.xlsx」のような初期設定の名前で「ドキュメント」フォルダーに保存されます。

```
'上書き保存
ActiveWorkbook.Save
```

　同じく、アクティブなブックを「C:¥excel」フォルダー内に、「売上報告.xlsx」という名前で保存したい場合には、次のようにコードを記述します。

```
'パスを指定して特定のフォルダー内にブック名を付けて保存
ActiveWorkbook.SaveAs "C:¥excel¥売上報告.xlsx "
```

　特に、データの追加・修正が多いブックでは、上書き保存しながら運用をするのか、変更がある度に別名保存し、履歴を残しながら運用をするのか、といった方針に合わせたマクロを用意しておくのと便利です。もちろん、ケース・バイ・ケースで併用してもOKです。

マクロでブックを保存する

マクロ「上書き保存」では、マクロが記述されているブックをSaveメソッドで上書き保存しています。

ブックを上書き保存
10-110：データブック.xlsm

```
01  Sub 上書き保存()
02      'マクロの記述してあるブックを上書き保存
03      ThisWorkbook.Save
04  End Sub
```

マクロ「名前を付けて保存」は、マクロが記述されているブックをSaveAsメソッドで「新しい名前.xlsm」という名前で保存しています。

名前を付けて保存（別名保存）

```
01  Sub 名前を付けて保存()
02      'マクロの記述してあるブックを名前を付けて保存
03      ThisWorkbook.SaveAs ThisWorkbook.Path & "¥新しい名前.xlsm"
04  End Sub
```

図1：マクロの実行結果

ブックの上書き保存・別名保存が実行できた

ここもポイント | 新規追加したブックを名前を付けて保存

マクロからブックを新規追加した際には、そのブックを決まったフォルダー内に保存する処理をあわせて行いたい場合がよくあります。このようなケースでは、ブックの追加を実行するAddメソッドの戻り値を利用して、そのままSaveAsメソッドも併せて実行してしまうのが便利です。

```
'新規追加したブックを名前を付けて保存
Workbooks.Add.SaveAs ThisWorkbook.Path & "¥新規ブック.xlsx"
```

上記のコードでは、ブックを新規追加し、同時にマクロを記述したブックと同じフォルダー内に、「新規ブック.xlsx」という名前で保存します。

ブックの保存と終了

111 変更を反映せずにブックを閉じる

図1：変更を反映せずにブックを閉じる

変更を行ったブックを閉じようとすると表示されるメッセージ。このメッセージを表示せずに、変更を「保存しない」でブックを閉じたい

マクロで変更を反映せずにブックを閉じる

　ちょっとした値や式の確認、データ加工やコピーなどに利用するために一時的に開いたブックを、変更を保存せずにそのまま閉じてしまいたいことがあります。マクロからブックを閉じるには、ブックのオブジェクトから**Closeメソッド**を実行します。

Closeメソッド
```
ブック.Close
```

　しかし、このままでは、上図のように変更内容を保存するかどうかの確認ダイアログが表示されます。このダイアログを表示させずに、変更を反映せずにブックを閉じるには、「ブックの変更を保存済みかどうか」を管理している**「Saved」プロパティ**を利用します。

　Savedプロパティは、変更を保存済みの場合は「True」を返し、保存していない変更がある場合には「False」を返すプロパティですが、実は値の設定も行えます。そして、ブックを閉じる際には、このプロパティの値が「True」の場合には、変更がすでに保存済みであると判断され、確認ダイアログは表示されずに閉じられます。

```
'「変更を保存済み」としてブックを閉じる（実際には保存せずに閉じる）
ブック.Saved = True
ブック.Close
```

　結果として、上記のような2つの仕組みを組み合わせたコードは、変更があった場合でも、それを保存せずにそのままブックを閉じるコードとなります。

マクロでブックを閉じる

1つ目のマクロでは、単純にCloseメソッドを実行しており、ブックに変更がある場合は警告のメッセージが表示されます。上書き保存との組み合わせが効果的なマクロですね。

ブックを閉じる　　　　　　　　　　　　　　10-111：変更を反映せずに閉じる.xlsm

```
01  Sub ブックを閉じる()
02      'ブックを閉じる(変更がある場合には警告メッセージが表示される)
03      ThisWorkbook.Close
04  End Sub
```

一方、2つ目のマクロではブックに変更があっても強制的に閉じることが可能です。オートフィルターをかけてデータを抽出したブックを、保存せず元の状態の閉じたい——そんなときに利用するといいでしょう。

変更を反映せずにブックを閉じる　　　　　　10-111：変更を反映せずに閉じる.xlsm

```
01  Sub 変更を反映せずに閉じる()
02      '変更を保存せずにブックを閉じる
03      With ThisWorkbook
04          .Saved = True
05          .Close
06      End With
07  End Sub
```

図2：マクロの実行結果

変更を反映せずにブックを閉じることができた

ここもポイント ｜ Closeメソッドの引数SaveChangesを利用してもOK

Closeメソッドの引数「SaveChanges」を利用しても、ブックを閉じる際に変更の保存を反映するかどうかを指定できます。引数SaveChangesに「True」を指定すると、「変更を保存後に閉じる」という動作となり、「False」を指定すると、「変更を保存せずに閉じる」という動作となります。

```
'変更を保存せずにブックを閉じる
ActiveWorkbook.Close SaveChanges:=False
```

どちらの場合も確認ダイアログを表示せずにブックを閉じることができます。

ブックの保存と終了

112 バックグラウンドで開いているブックをまとめて閉じる

図1：特定のブック以外を閉じる

特定ブックを除いた残りのブックを操作する

ブック全体に対するループ処理と、Ifステートメントを利用した条件分岐を組み合わせると、「**特定対象を除いた、残りの対象に対するループ処理**」が作成できます。例えば、現在開いているブック全体を扱うWorkbooksコレクションに対するループ処理から、特定のブックのみを処理対象外としたい場合には、左辺と右辺が同じオブジェクトであるかどうかを確認する「**Is演算子**」を使って、次のようにコードを記述します。

```
Dim bk
For Each bk In Workbooks
    If Not bk Is 除外対象ブック Then
        変数bkを通じてブックに対して実行したい処理を記述
    End If
Next
```

マクロを記述したブックをループ処理の対象外としたい場合には、条件式部分を「**Not bk Is ThisWorkbook**」とし、「集計.xlsx」を除外対象としたい場合には、「**Not bk Is Workbooks("集計.xlsx")**」とします（「集計.xlsx」を開いていない場合は、エラーとなります）。「特定ブックを除いて残りのブックを一気に閉じたい」というような場合に覚えておくと便利なテクニックです。

📗 マクロで特定ブック以外を閉じる

特定のブック以外を閉じる　　　　　　　　　10-112：ブックをまとめて閉じる.xlsm

01	Sub 特定ブック以外を閉じる()
02	'マクロを記述してあるブック以外を、変更を保存せずに閉じる
03	Dim bk
04	For Each bk In Workbooks
05	If Not bk Is ThisWorkbook Then bk.Close SaveChanges:=False
06	Next
07	End Sub

図2：マクロの実行結果

複数のブックを開いた状態でマクロを実行すると、マクロの記述してあるブック以外のブックをまとめて閉じることができた

**ここもポイント　複数ブックを除外対象にしたいときは
And演算子で条件式をつなぐ**

2つ以上のブックをループ処理による操作から除外したい場合には、And演算子を使って場外するブックを指定する条件式をつないで記述します。
例えば、次のコードを本文中のループ処理内の箇所と置き換えると、「マクロの記述してあるブック」と「集計.xlsx」をループ処理の除外対象とします。

```
'マクロを記述してあるブックと「集計.xlsx」以外を閉じる
If Not bk Is ThisWorkbook And Not bk Is Workbooks("集計.xlsx") Then
    bk.Close SaveChanges:=False
End If
```

結果として、上記2ブック以外のブックをすべて閉じるマクロとなります。

シートのコピーと削除

113 現在のシートを残して削除する

図1：特定シートを除外して残りを削除

特定のシートを除いて、その他のシートをまとめて削除したい

特定シートを除いた残りのシート全体に操作を行う

特定のシートを残して残りのシートを削除する処理を作成する場合は、2段階に分けて処理を整理するとわかりやすくなります。まず、**残したいシートをMoveメソッドで先頭へと移動**させます。

Moveメソッド
```
シート.Move Before:=Worksheets(1)
```

この状態になったら、**2枚目以降のシートをすべて削除**します。この処理を実行するコードはいろいろな形で記述できますが、今回はDo Whileステートメントを利用して、「**シート数が1より大きい間は、現状2枚目のシートを削除する**」コードを作成します。

```
Do While (Worksheets.Count > 1)
    Worksheets(2).Delete
Loop
```

残したいシートはすでに1枚目に移動してあるので、「2枚目」のシートを残りシート数が「1」になるまでループ処理で削除しつづけていけば、結果として「残りすべて」のシートを削除できるわけですね。

このように、「1つを除いて処理を行いたい」というようなケースでは、「除外するものをリストの先頭に移動する」「2つ目以降をループ処理する」という2段階に分けた考え方を覚えておくと、目的のコードがスムーズに作成で

きる場面が増えるでしょう。

マクロで特定シート以外を削除する

現在のシート以外のシートをすべて削除するマクロです。3行目でアクティブシートを先頭に移動し、5行目からのDo Whileステートメントで2つ目以降のシートを削除しています。

アクティブなシート以外を削除　　　　10-113：現在のシートを残して削除する.xlsm

```
01  Sub 現在のシートを除いて削除()
02      '現在のシートを先頭へと移動
03      ActiveSheet.Move Before:=Worksheets(1)
04      '残りのシート数が１より大きい間は2枚目のシートを削除
05      Do While (Worksheets.Count > 1)
06          Worksheets(2).Delete
07      Loop
08  End Sub
```

図2：マクロの実行結果

実行時にアクティブなシート除いて残りのシートを削除できた

ここもポイント｜複数シートを残したい場合には

2つ以上のシートを残したい場合には、残したいシートを先頭から順番に並べ、特定の位置（インデックス番号）以降のシートに対してループ処理を実行して削除を行いましょう。例えば、2枚のシートを残したいのであれば、残したいシートを1枚目、2枚目に移動してから、3枚目以降のシートに対して削除処理を行います。
また、削除の際に表示される警告メッセージを表示せずに削除したい場合には、「Application.DisplayAlertsプロパティ」を利用しましょう。

```
Application.DisplayAlerts = False
削除処理を記述
Application.DisplayAlerts = True
```

削除処理の前後に以下のようにコードを追加すれば、削除の際の警告メッセージは表示されずにシートを削除できます。

シートのコピーと削除

114 あとで参照したい資料を専用ブックにコピーする

図1：特定のブックにいろいろなブックからデータをスナップ保存

専用ブックにいろいろなブックのデータを保存する

　レポートや報告者・提案書などの資料を作成する際、下準備としてさまざまなブックに散らばっているデータを集約する作業をよく行います。このとき、マクロを使って特定のスナップ保存用ブックに資料をまとめる仕組みを作成しておくと、必要なデータを拾い集めて再構築する作業が楽になります。また「**どのブックから拾ってきたデータなのか**」の情報も一緒にメモできると、あとからじっくり資料を検討する際に役立ちます。

　この仕組みは、**Copyメソッド**と、**Addressプロパティ**などを組み合わせると作成可能です。

　また、データを集約するマクロはどのブックからでも利用できるように、**ショートカットキーに登録**しておくといいでしょう。「利用できそうなブックを開いて、気になるデータがあったらショートカットキーを押して専用ブックにスナップ保存する」というスタイルで、スムーズに必要なデータを蓄積できます。この仕組みは、**OnKeyメソッド**で作成可能です。

マクロで特定シート以外を削除する

　選択中のセル範囲をスナップ用のブックにコピーするためのマクロです。3行目でマクロが記述されているブックに新しいシートを追加し、4行目で追加したシートのセルA1に、選択中のブックのシート名とセル参照を入力します。最後の5行目で選択範囲をコピーし、追加したシートのセルA3に貼り付けます。

選択範囲のスナップ保存　　　　　　　　　　　　10-114：特定ブックにコピー.xlsm

```
01  Sub 資料をスナップ()
02      'マクロを記述したブックに新規シートを追加しアドレス情報と選択範囲をコピー
03      Dim sht
04      Set sht = ThisWorkbook.Worksheets.Add
05      sht.Range("A1").Value = Selection.Address(External:=True)
06      Selection.Copy sht.Range("A3")
07  End Sub
```

図2：マクロの実行結果

マクロの記述されたスナップ用ブックを開いておき、コピーしたいデータを持つブックのスナップ保存したいセル範囲を選択してマクロを実行

スナップ用ブックに新規シートが追加され、セルA1にブック名・シート名・セル範囲を含めたアドレス情報が記述され、セルA3以降に選択範囲の内容がコピーされる

▚ マクロをショートカットキーに登録

　作成したマクロを、どのブックからでも利用できるようにショートカットキーに登録するには、「**Application.OnKeyメソッド**」を利用します。OnKeyメソッドは、1つ目の引数にショートカットキーを表す文字列を指定し、2つ目の引数に対応するマクロ名を記述します。

```
Application.Onkey キー文字列, マクロ名
```

　ショートカットキーは、Ctrlキーや Shiftキーなどの特殊キーは、それぞれ「+」や「^」といった決まった表記で指定し、文字のキーは「{}」で囲んだ形で指定します。例えば、次の例では「macro1」というマクロを、ショートカットキーCtrl+Aに登録します。

```
Application.Onkey "+{A}", "macro1"
```

　一度OnKeyメソッドを実行すると、それ以降はExcelを終了するまでショートカットキー登録が持続されます。また、登録したマクロを解除したい場合には、1つ目の引数だけを指定してOnKeyメソッドを実行します。

　この仕組みを利用すると、①スナップ保存用のマクロを含むブックを開く→②OnKeyメソッドの登録マクロを一度だけ実行→③ショートカットキーを利用して資料を集める→④ひととおりスナップ保存が終わったらショートカットキーを解除——という流れで作業が進められます。

マクロのショートカットキー登録

01	Sub ショートカットキー登録()
02	'[Ctrl]+[Shift]+[C]キーでマクロ「資料をスナップ」を実行
03	Application.OnKey "+^{C}", "資料をスナップ"
04	End Sub

マクロのショートカットキー登録解除

01	Sub ショートカットキー解除()
02	'[Ctrl]+[Shift]+[C]キーへのマクロ登録を解除
03	Application.OnKey "+^{C}"
04	End Sub

表1：OnKeyメソッドで特殊キーを登録する際の表記（抜粋）

キー	表記	キー	表記
Shift	^	Ctrl	+
Alt	%	キーボードのキー	{文字}

Chapter 11

ブックとシートを
まとめて操作する

作業グループ

115 複数シートをまとめて選択する

図1：マクロで作業グループ選択

複数のシートをまとめて選択して作業グループとして扱いたい

マクロで複数シートをまとめて扱う「作業グループ」選択

　複数のシートにまとめて同じ値や書式を適用したいときに便利な仕組みが、**グループ選択**機能です。通常、グループ選択を行うには、Ctrlキーを押しながらグループ化したいシート見出しをクリックしていきます。

　この作業をマクロから行うには、Worksheetsコレクションの引数に、Array関数で作成したインデックス番号、もしくはシート名のリストを指定して、「Selectメソッド」を実行します。

```
Worksheets(Array(シートのリスト)).Select
```

　1枚目・2枚目・5枚目のシートを作業グループ化するには、次のように記述します。

```
Worksheets(Array(1, 2, 5)).Select
```

　また、「A組」・「B組」という名前のシートを作業グループ化するには、次のように記述します。

```
Worksheets(Array("A組", "B組")).Select
```

特に、いつも決まった作業グループを作成してまとめて入力を行うような場合には、知っていると便利なテクニックです。

マクロで作業グループを作成する

本店、神奈川、名古屋の3つのシートを選択し、作業グループを作成しています。ここからシートをコピー（Copyメソッド）したり、印刷（PrintOutメソッド）したりすることが可能です。選択中のシートは「ActiveWindow.SelectedSheets」プロパティから扱います。

3つのシートを作業グループとして選択　　　　　　　　　　　　　　　　　11-115：作業グループ.xlsm

```
01  Sub 作業グループ選択()
02      '「本店」「神奈川」「名古屋」の3枚のシートからなる作業グループ選択
03      Worksheets(Array("本店", "神奈川", "名古屋")).Select
04  End Sub
```

図2：マクロの実行結果

指定したシート名を持つ3枚のシートからなる作業グループを選択できた

> **ここもポイント** ｜ **作業グループを解除するには**
>
> 作業グループを解除するには、シート見出しを右クリックして表示されるメニューから、[シートのグループ解除]を選択する、などの操作を行います。
> ちなみに、マクロで作業グループを解除するには、次のようにコードを記述します。
>
> ```
> '作業グループを解除
> ActiveSheet.Select
> ```
>
> 「アクティブシートを選択する」という、一見なんの意味もなさそうなコードですが、作業グループが作成されている場合は、「アクティブシート"だけ"を選択する」という操作となり、結果として作業グループを解除することができます。

作業グループ

116 特定の値を持つシートを選択する

図1：マクロで作業グループ選択

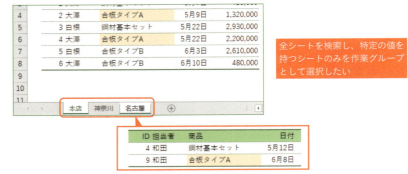

全シートを検索し、特定の値を持つシートのみを作業グループとして選択したい

マクロで特定の値を持つシートのみに処理を行う

複数のシートを持つブックにおいて、特定の値がセル上のどこかに入力してあるシートのみを対象に任意の処理を行いたい場合には、**For Eachステートメント**を使ったループ処理と、**Ifステートメント**による条件分岐を組み合わせます。

```
Dim sht
For Each sht In Worksheets
    If Not sht.Cells.Find(任意の値) Is Nothing Then
        変数shtを通じて任意の値を持つシートに対する処理を記述
    End If
Next
```

検索機能をマクロから実行する**Findメソッド**によって、指定した値を持つセルがシート内に存在するかどうかをチェックし、存在する場合にだけ、任意の処理を実行します。

この構文を覚えておくと、特定の値が存在するかどうかを条件にして、値を持つシートのみをコピーして新しいブックを作成したり、値を持つシートのデータを抜き出して集計したりと、ブック全体から特定の値に注目し、集計するような作業が楽になります。

アクティブセルと同じ値のあるシートを選択する

キー値を元に作業グループ作成　　　11-116：キー値を元に作業グループ.xlsm

```
01  Sub キー値を持つシートをグループ化()
02      Dim sht
03      For Each sht In Worksheets
04          'シート内にアクティブセルと同じ値のセルがある場合、作業グループとして追加
05          If Not sht.Cells.Find(ActiveCell.Value) Is Nothing Then sht.Select False
06      Next
07  End Sub
```

図2：マクロの実行結果

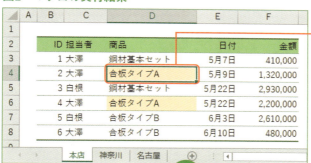

1 注目したい値である、「合板タイプA」と入力してあるセルを選択してマクロを実行

同じく「合板タイプA」と入力してあるセルを持つ「名古屋」シートも作業グループとして選択できた。この作業グループを丸ごとコピーすれば、注目したい値を持つシートのみからなるブックが作成できる

ここもポイント ｜ メソッドに引数「False」

本文中のマクロのように、ワークシートのSelectメソッドを実行する際、引数に「False」を指定すると、「現在選択されているシートに加え、指定したシートを作業グループとして加える」という意味の操作となります。

作業グループ

117 すべてのシートのセルA1を選択して保存する

図1：数式の入力されているセルのみを保護する

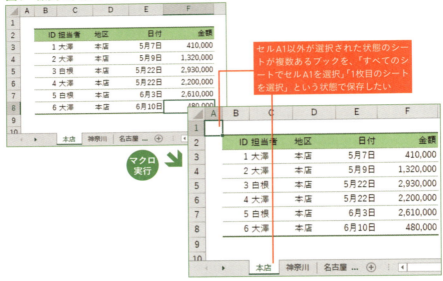

セルA1以外が選択された状態のシートが複数あるブックを、「すべてのシートでセルA1を選択」「1枚目のシートを選択」という状態で保存したい

資料を送る前にカーソルをセルA1に移動しよう

　得意先にブックを送信する際には、「**全シートのセルA1を選択**」「**1枚目のシートを選択**」のように、きちんとした初期位置を選択した状態で送付したいもの。単純ですが、ブックを見る際に、見やすく、違和感なくすっと内容に入っていくための大切な作業です。

　複数シートがあると、この作業も大変ですが、マクロであれば一発でミスなく行えます。各シートに対するループ処理と、**Application.GoToメソッド**を組み合わせれば完成です。この際、シートの末尾からセルA1を選択し、最終的に1枚目のシートのセルA1を選択するようにループ処理を作成するのがコツです。こうすれば、最後に選択されているのは「1枚目のシートのセルA1」という状態に仕上がります。保存も行いたい場合には、最後にSaveメソッドも付け加えてみましょう。

マクロで全シートのセルA1を選択する

　後ろのシートから順番に処理するため、For Nextステートメントの開始値はWorksheetの数に設定。最終値は1、加算値は-1にして、いちばん後ろのシートから順番に処理して、最後は1枚目のシートで終わるようにしています。ひととおり処理が終わったあとは、Saveメソッドで上書き保存しておきましょう。

アクティブなブックの全シートセルA1選択　　　11-117：全シートのセルA1選択.xlsm

```
01  Sub A1選択()
02      Dim i
03      '末尾のシートから順番にセルA1を選択
04      For i = ActiveWorkbook.Worksheets.Count To 1 Step -1
05          Application.Goto ActiveWorkbook.Worksheets(i).Range("A1")
06      Next
07      '上書き保存
08      ActiveWorkbook.Save
09  End Sub
```

図2：マクロの実行結果

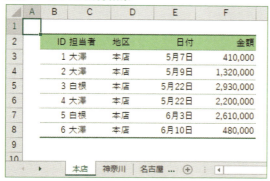

全シートのセルA1を選択し、1枚目のシートを選択した状態で保存できた

ここもポイント | SelectメソッドかGoToメソッドか

1枚目のシートのセルA1を選択する場合には、「Worksheets(1).Range("A1").Select」というコードでいいようにも思えます。しかし、このコードは1枚目以外のワークシートが表示されている場合にはエラーとなります。それに対し、「Application.Goto Worksheets(1).Range("A1")」は、どのシートが選択されていても、1枚目のシートがアクティブになり、その上でセルA1が選択されるという違いがあります。

シートの保護と個人情報の管理

118 数式が入力されているセルだけを保護する

図1：数式の入力されているセルのみを保護する

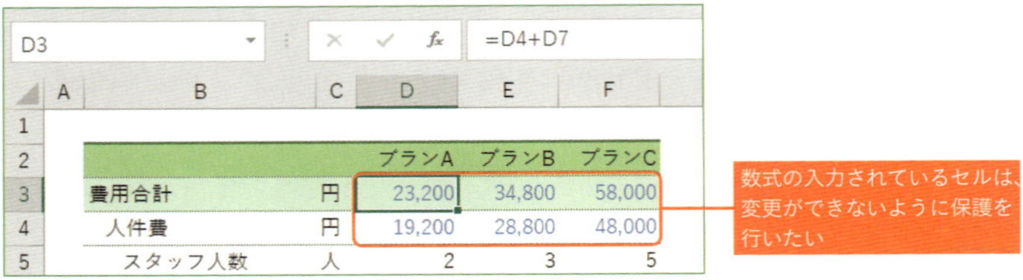

	A	B	C	D	E	F
1						
2				プランA	プランB	プランC
3		費用合計	円	23,200	34,800	58,000
4		人件費	円	19,200	28,800	48,000
5		スタッフ人数	人	2	3	5

D3: =D4+D7

数式の入力されているセルは、変更ができないように保護を行いたい

■ マクロで数式の入力されているセルを保護をする

　数式の入力されたシートでは、数式部分が変更されないように保護することがあります。この場合、どういった操作を行えばいいか、まずは一般機能で整理してみましょう。

　Excelでは、［セルの書式設定］-［保護］-［ロック］で、シートの保護時に値の変更を禁止するかどうかを各セルに設定できます。**［ロック］がオンであれば保護され、オフであれば保護対象外、つまり、値の変更は保護後も行える**ようになります。

　初期状態では、すべてのセルの［ロック］設定がオンになっており、シートの保護を実行すると、すべてのセルの値が変更禁止となります。これでは数式で参照しているセルの値を変更することもできないため、値の変更を許可したいセルのみは、［ロック］をオフにした上で、シートの保護を行います。

　数式ではなく、値が入力されているセルは、［ホーム］-［検索と選択］-［条件を選択してジャンプ］から、「定数」を選択して［OK］ボタンをクリックすれば一括選択です。このセル範囲のみ［ロック］をオフにしてシートを保護すれば、結果として「定数」ではない部分のセル——つまり、数式の入力されているセルと空白セル——のみ保護された状態となります。これで意図していないセル範囲に値を入力されることもなければ、数式を変更される心配もありません。

　この操作を1つのマクロにまとめたのが、次ページのマクロです。完成後

のシートや、作成途中のシートで利用すれば、数式を誤って勝手に変更されることがなくなりますね。

定数のセルのみロックを解除してシートを保護する

次のマクロの4行目に記述されているUsedRangeは、シート内で使用しているセル範囲を返すプロパティです。その中から「SpecialCells(xlCellTypeConstants)」で定数が入力されているセルを取り出し、LockedプロパティにFalseを代入してロックを解除しています。

5行目のProtectメソッドが実行されると、エクセルの保護が有効になり、定数が入力されているセル以外は変更が不可となります。

数式の入力されているセルを保護する　　　　　　　　11-118：数式の保護.xlsm

```
01  Sub 数式セルのみ保護する()
02      '使用しているセル範囲のうち「定数」のセルのみ保護のロックを外してシートを保護
03      With ActiveSheet
04          .UsedRange.SpecialCells(xlCellTypeConstants).Locked = False
05          .Protect
06      End With
07  End Sub
```

図2：マクロの実行結果

「定数」のセルのみ［ロック］をオフにしてシートを保護することにより、空白セルや数式のセルのみ変更不可能な状態にできた。入力しようとすると以下のアラートが表示される

ここもポイント　保護の解除を行うには

シートの保護は、シートを指定してProtectメソッドを実行しますが、保護の解除は、シートを指定してUnProtectメソッドを実行します。

シートの保護と個人情報の管理

119 ブックに保存されている個人情報を消去する

図1：ブックに保存されている個人情報

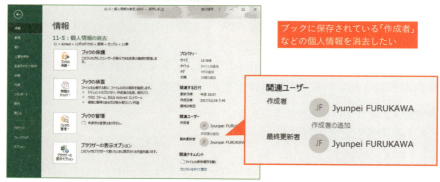

ブックに保存されている「作成者」などの個人情報を消去したい

マクロでブックに保存されている個人情報を消去する

　Excelでは、ブックを作成・更新すると、自動的にブックの「**作成者**」や「**最終更新者**」といった情報が保存されます。この情報は、［ファイル］タブを選択して表示されるバックステージビューの［情報］欄で確認できます。

　便利な機能なのですが、その反面、過去に作成したブックをコピーして使いまわしていたりすると、意図していないユーザー名が表示されてしまうこともあります。例えば、他社に開発してもらったブックを利用して作成した資料を得意先に送付した場合、得意先にとってみれば「作成者」部分に見知らぬ会社や担当者の名前が表示されるなんてことも起こりえます。

　取引先には、こうした個人情報を消去してからブックを送付したいものです。Excel 2016では、個人情報の消去は、［ファイル］-［オプション］-［セキュリティセンター］-［セキュリティセンターの設定］-［プライバシーオプション］から、［ファイルを保存するときにファイルのプロパティから個人情報を削除する］にチェックマークを付けて上書き保存することで実行できます。**以降、設定したブックには「作成者」や「最終更新者」は記録されなくなります。**

　この作業をマクロ化したのが次ページのマクロです。マクロであれば1つのコードで簡単に個人情報を消去できますね。

マクロでブックに個人情報を残さない設定を行う

RemovePersonalInformationをTrueに設定すると、上書き保存時に個人情報が削除されるようブックが設定されます。

個人情報を消去する　　　　　　　　　　　　　　　　11-119：個人情報の消去.xlsm

```
01  Sub 個人情報の消去()
02      'アクティブなブックから個人情報を消去
03      ActiveWorkbook.RemovePersonalInformation = True
04  End Sub
```

図2：マクロの実行結果

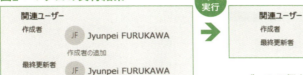

ブックの個人情報を消去できた

ここもポイント｜個人情報を消去したブックは警告メッセージが表示される

Excel 2016では、標準で実行されている［ドキュメントの検査］機能により、個人情報を消去したブックに対する操作を行うと、下記の確認メッセージが表示されることがあります。

確認メッセージ

毎回表示されるため、なかなかに面倒な機能です。しかし、ファイルを送付する場合、相手先に［ドキュメントの検査］機能をオフにしてもらうわけにはいきません。
このような場合では、一度RemovePersonalInformationを有効にして上書き保存し、そのあと再度RemovePersonalInformationをオフにしましょう。最終更新者は自身の名前が自動保存されてしまいますが、違和感のある作成者の名前は削除できます。

```
01  Sub 個人情報を消去して設定を戻す()
02      'アクティブなブックから個人情報を消去
03      With ActiveWorkbook
04          .RemovePersonalInformation = True
05          .Save
06          .RemovePersonalInformation = False
07      End With
08  End Sub
```

シートの保護と個人情報の管理

120 利用できるセル範囲をきっちり制限する

図1：シート内で利用できるセル範囲を制限

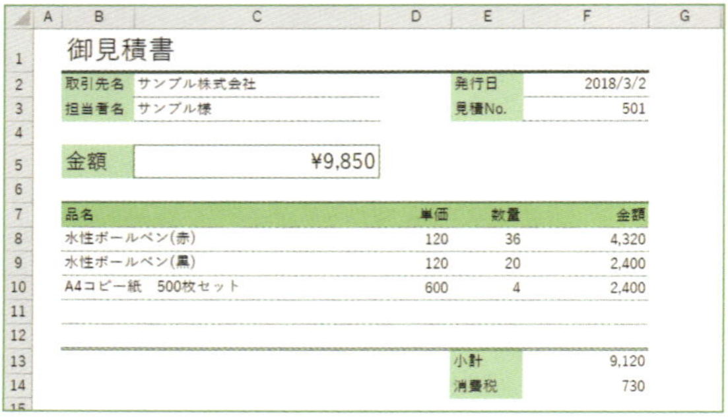

伝票形式でデータを入力するセル範囲以外は利用できないようにしたい

シート内で利用できるセル範囲をマクロで制限する

　1枚ものの伝票や、データのエントリ用シートなどを作成した場合、決められたセル範囲以外は利用できなくしたい場合があります。保護機能を使って、1セル1セルに対して細かく利用制限を設定してもいいのですが、マクロを使えば、より手軽に、利用できるセル範囲を制限する機能も用意されています。

　利用セル範囲を制限するには、シートを指定し、**「ScrollAreaプロパティ」に文字列の形で利用可能としたいセル範囲のアドレスを指定**します。

```
シート.ScrollArea = セル範囲のアドレス
```

　たった1行のコードですが、これだけで指定したセル範囲以外は選択すらできなくなり、スクロールバーを使って表示することさえできなくなります。

　この使用セル範囲の制限を解除するには、**ScrollAreaプロパティに空白文字列を指定**します。

```
シート.ScrollArea = ""
```

　シートの保護機能のように、1つ1つのセルに細かく利用制限をかけることはできませんが、ざっくりと大まかなセル範囲のみを表示・利用してもらいたい場合に知っておくと便利なテクニックですね。

マクロでアクティブシートの利用セル範囲を指定

1つ目のマクロでは、ScrollAreaプロパティで利用できるセル範囲をセルB1:F14に設定。2つ目のマクロでは、ScrollAreaプロパティに空白文字列を代入し、

利用できるセル範囲を制限する　　　　　　　　　　　11-120：数式の保護.xlsm

```
01  Sub 利用範囲制限()
02      'セル範囲B1:F14しか利用できなくする
03      ActiveSheet.ScrollArea = "B1:F14"
04  End Sub
```

制限の解除　　　　　　　　　　　　　　　　　　　11-120：数式の保護.xlsm

```
01  Sub 制限解除()
02      ActiveSheet.ScrollArea = ""
03  End Sub
```

図2：マクロの実行結果

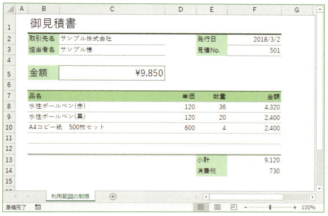

ScrollAreaプロパティに指定したセル範囲B2:F14のみしか利用できないようにできた。ほかのセルはクリックしても選択すらできず、スクロールバーを操作しても指定したセル範囲のみしか表示できなくなる

ここもポイント | **VBEの[プロパティ]ウィンドウから手作業で設定することも可能**

ScrollAreaの設定は、実はVBEの[プロパティ]ウィンドウから手作業で設定することも可能です。VBE左上の[プロジェクトエクスプローラー]から、任意のシートを選択した後、左下の[プロパティ]ウィンドウに注目してみましょう。すると、そこに[ScrollArea]という欄が見つかります。ここにセル参照の文字列を入力すれば、マクロを実行しなくても利用セル範囲の制限が行えます。

図3：[プロパティ]ウィンドウでの設定

Name	利用範囲の制限
ScrollArea	
StandardWidth	8.38

シートの保護と個人情報の管理

121 非表示シートがあるかどうかをチェックする

図1：非表示になっているシートがあるかを素早くチェックしたい

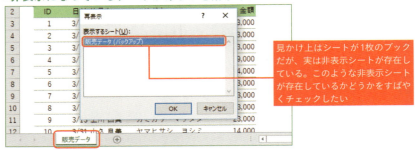

見かけ上はシートが1枚のブックだが、実は非表示シートが存在している。このような非表示シートが存在しているかどうかをすばやくチェックしたい

■ マクロで非表示シートの有無をチェック

　ブックを作成している途中で、一時的な計算をまとめたシートを作製したり、バックアップ用にシートを丸ごとコピーしたりすることはよくあります。そして、そのシートを一時的に非表示にしておくこともあるでしょう。

　こういったブックを上司や取引先にうっかり送付してしまうと、見せたくないデータを意図しない相手に知られてしまうことになりかねません。ブックの送信前には非表示シートの有無をチェックしておきたいものです。

　このチェックは、マクロを利用すると簡単に行えます。シートの表示状態は、シートオブジェクトの**Visibleプロパティ**で管理されています。

```
シート.Visible
```

　このVisibleプロパティの値が「**xlSheetVisible**」であればシートは表示されており、それ以外であれば非表示です。For Each Nextステートメントを利用して、ブック内のすべてのシートについて、Visibleプロパティの値をチェックし、xlSheetVisibleかどうかを調べれば、漏れなくチェックができるわけですね。

　また、マクロで非表示シートを再表示するには、シートを指定してVisibleプロパティの値を「xlSheetVisible」に設定すればOKです。

```
シート.Visible = xlSheetVisible
```

マクロでブック内の全シートの表示状態をチェックする

For Each Nextステートメントですべてのワークシートを1つ1つ取りだし、5行目のIf thenステートメントでVisibleプロパティがxlSheetVisibleでない場合は非表示と判断して、表示するよう設定しています。

非表示シートをチェックする　　　　　　　　11-121：非表示シートのチェック.xlsm

```
01  Sub 非表示シートのチェック()
02      Dim sht
03      For Each sht In Worksheets
04          'シートが表示されていない場合は再表示してメッセージを表示する
05          If sht.Visible <> xlSheetVisible Then
06              sht.Visible = xlSheetVisible
07              MsgBox "非表示だったシート名:" & sht.Name
08          End If
09      Next
10  End Sub
```

図2：マクロの実行結果

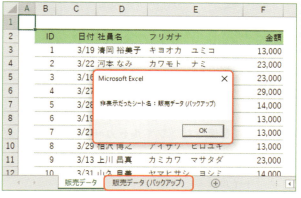

非表示状態だったシートを再表示し、シート名をメッセージボックスに表示できた

ここもポイント ｜ マクロで「手作業では再表示できないシート」に設定

通常の操作で非表示にしたシートは、シート見出しを右クリックして表示されるメニューから、[再表示] を選択すると再表示可能です。しかし、マクロを使ってVisibleプロパティに「xlSheetVeryHidden」を設定したシートは、この操作での再表示対象に含まれなくなります。つまり、手作業では再表示できません。

```
Worksheets(1).Visible = xlSheetVeryHidden
'1枚目のシートを再表示操作対象外にする
```

再表示するには、マクロを利用してVisibleプロパティに「xlSheetVisible」を指定します。

マクロからファイル操作

122 フォルダー内のすべての Excelブックを列挙する

図1：フォルダー内の状態

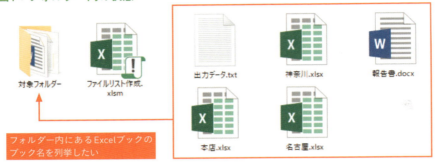

マクロで特定フォルダー内のファイルすべてを列挙する

　特定フォルダー内のブックすべてに対して任意の処理を実行する仕組みが用意できると、マクロによる作業の効率化がぐっと進みます。この仕組みを作成するには、「**Dir関数**」を利用します。

　Dir関数は、引数として指定したパスにあるファイル名を返す関数ですが、この関数には「***（アスタリスク）**」を使った「**ワイルドカード指定**」ができるようになっています。

```
Dir(ワイルドカードを利用したファイルパス)
```

　例えば、「C:¥excel」フォルダー内の任意のExcelブック（拡張子が「.xlsx」のファイル）のブック名を取得したい場合には、次のようにコードを記述します。

```
Dir("C:¥excel¥*.xlsx")    'フォルダー内のExcelブックのブック名を1つ返す
```

　「*」の部分がワイルドカード、つまり、「なんでもよい文字列」という意味で解釈され、フォルダー内にある任意のExcelブックのブック名が取得できます。さらにDir関数には、「一度引数にパスを指定して実行後に、引数を指定せずに実行すると、同じ条件の"次のファイル"の名前を返す」という仕

組みがあります。つまり、上記のようなワイルドカードを使ったパス指定後に連続して実行すると、次々と同じフォルダー内にあるExcelブック名を返します。そして、**もう対象ファイルがない場合には空白文字列（""）を返します。**

この仕組みを利用すると、任意のフォルダー内のブック名をすべて列挙できます。

マクロで特定フォルダー内のExcelブック名を列挙する

フォルダー内のブック名列挙　　　11-122：ファイルリスト作成¥ファイルリスト作成.xlsm

```
01  Sub ブック名の列挙()
02      Dim file
03      Range("B3").Select
04      '「対象フォルダー」内にある拡張子xlsxのファイルを走査
05      file = Dir(ThisWorkbook.Path & "¥対象フォルダー¥*.xlsx")
06      Do While file <> ""
07          ActiveCell.Value = file
08          ActiveCell.Offset(1).Select
09          file = Dir()
10      Loop
11  End Sub
```

図2：マクロの実行結果

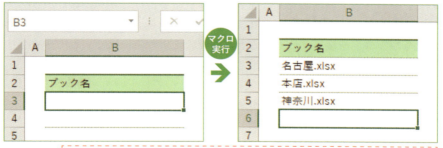

マクロと同じ位置にある「対象フォルダー」内のExcelブックの名前を列挙できた

ここもポイント｜得られたブック名を利用してブックを開く処理を組み合わせよう

本文中のマクロでは、ブック名を列記するだけですが、得られたブック名を利用して対象ブックを開き、操作するマクロと組み合わせれば、特定のフォルダー内のブックに対して一気に操作を行うマクロが完成します。

マクロからファイル操作

123 シート上のリスト通りに ファイル名を変更する

図1：ファイル名の変更リスト

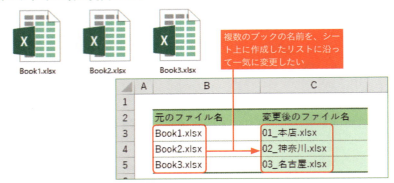

マクロでファイル名を変更する

　複数のブックを作成しながら作業を進めていく場合、わかりやすくするために、ブック名を整理したり、連番を表す数値を付けたりと、あとからブック名を変更したくなる場合があります。1つ2つならばいいのですが、10個や20個もブック名を変更するとなると、少々骨の折れる作業ですし、うっかり変更漏れをしてしまうブックも出てきます。

　そこでこの作業を、マクロを使って自動化してしまいましょう。Excelのシート上に元のブック名と、変更後のブック名を列挙したリストを作成して変更漏れや名前の重複をチェックし、あとはその通りに変更します。

　マクロでブック名を変更するには、「**Name**ステートメント」を利用します。

```
Name 変更前のファイルパス As 変更後のファイルパス
```

　例えば、「C:¥excel」フォルダー内に保存されている「Book1.xlsx」の名前を、「集計.xlsx」に変更するには、次のようにコードを記述します。

```
Name "C:¥excel¥Book1.xlsx" As "C:¥excel¥集計.xlsx"
```

　この仕組みをシート上に作成したリストと組み合わせれば、ブック名がリスト通りに一括変更できるマクロの完成です。

特定フォルダー内のExcelブック名を一括変更する

For Each Nextステートメントで、選択範囲のセルを1つずつ取り出してファイル名の変更処理を行っています。新しいファイル名は、「rng.Next」のようにNextプロパティを使うことで、C列の値を取り出し生成しています。

ちなみにNameステートメントはExcelブックでないファイル――Wordや画像、テキストなど――の名前も変更できます。そう考えると、いろいろなシチュエーションで応用できそうなテクニックですね。

リスト通りにファイル名を変更　　　　　　　　　11-123：ファイル名変更¥ファイル名変更.xlsm

```
01  Sub ファイル名変更()
02      '選択セル範囲のファイル名を右側のファイル名に一括変更
03      Dim fld, rng
04      '基本フォルダーのパス作成
05      fld = ThisWorkbook.Path & "¥対象フォルダー¥"
06      For Each rng In Selection
07          'セルの値に沿って変更
08          Name fld & rng.Value As fld & rng.Next.Value
09      Next
10  End Sub
```

図2：マクロの実行結果

変更前のブック名が入力されたセル範囲を選択してマクロを実行し、マクロと同じ位置にある「対象フォルダー」内の対象ブックの名前を、右側のセルの値に変更できた

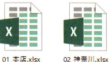

ここもポイント｜対象ブックは閉じておく必要がある

Nameステートメントでファイル名を変更したいブックは、マクロ実行時には閉じた状態にしておく必要があります。

マクロからファイル操作

124 シート上のリスト通りに新規シートを追加する

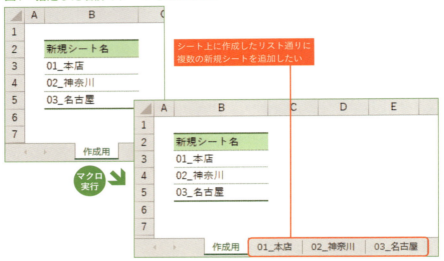

図1：指定した名前でシートを追加したい

■ マクロで新規シートを追加する

　ブックに新規シートを追加する場合、決まったルールに沿った名前で複数のシートを用意したい場合があります。このようなケースでは、まず、シート上に新規シートの名前となる値のリストを作成し、その値と順番に沿った形式でシートの追加＆名前の設定を行うマクロを用意しておくと便利です。

　マクロで新規シートを追加するには**Addメソッド**（P.236）を利用しますが、この際に「アクティブなシートの後ろ（右側）」にシートを追加していくようにすると、セルに記述した順番でシートを追加する形で処理を進められます。

```
Worksheets.Add(After:=ActiveSheet).Name = "名前1"
Worksheets.Add(After:=ActiveSheet).Name = "名前2"
'結果は「名前1」「名前2」の順番でシートが並ぶ
```

　この仕組みを、セルに入力された値と組み合わせればマクロの完成です。

マクロで指定の名前・順番でシートを追加する

For Eachステートメントで選択範囲のセルを1つずつ取り出し、新しく作成するシートの名前として代入しています。Addメソッドの引数「After」にはActiveSheetを指定しているため、新規シートがどんどん右側に追加されていきます。

リスト通りにシートを追加　　　　　　　　　　　11-124：シートの連続作成.xlsm

```
01  Sub セルの値を元にシートを追加()
02      '選択セル範囲の値でシートを作成
03      Dim rng
04      For Each rng In Selection
05          Worksheets.Add(After:=ActiveSheet).Name = rng.Value
06      Next
07  End Sub
```

図2：マクロの実行結果

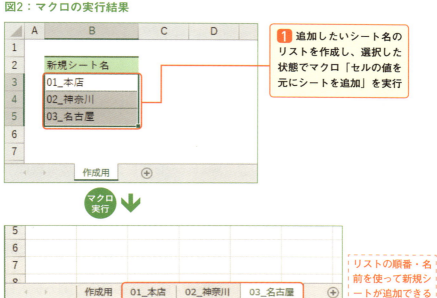

❶ 追加したいシート名のリストを作成し、選択した状態でマクロ「セルの値を元にシートを追加」を実行

リストの順番・名前を使って新規シートが追加できる

ここもポイント｜シート名の制限に注意

シート名には「：(セミコロン)」や「¥」など、利用できない記号が存在します。リストを作成する際には、これらの値を利用しないように注意しましょう。

シートをまとめて操作する

125 | 複数シートをまとめてコピーして新規ブックを作成する

図1：作業グループとして選択したシートのみからなる新規ブックを作成

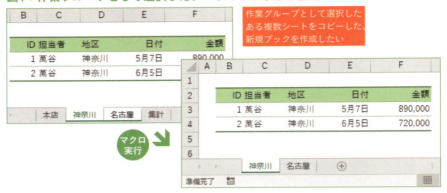

マクロで複数シートをまとめてコピー

マスターとなるブックのデータのうち、いくつかのシートのみを独立したブックとして別途保存したい場合があります。こんなときには、複数シートをまとめて新規ブックへとコピーするマクロを用意しておくと便利です。

複数シートをまとめて扱うには、**Worksheetsコレクションの引数に、Array関数を利用したリストの形で指定**します（P.258）。

```
Worksheets(Array(対象シート1, 対象シート2…)).Copy
```

この状態で**指定した複数シートに対して、Copyメソッドを引数なしで実行すると、指定シートのみからなる新規ブックが作成できます**。

また、この仕組みとは別に、「**ActiveWindow.SelectedSheetsプロパティ**」を利用すると、「現在選択されている作業グループ」に対して同様の操作を行えます。

```
ActiveWindow.SelectedSheets.Copy
```

手作業で独立したブックとしたいシートを選んでおき、その作業グループからなる新規ブックを作成したい場合には、こちらの仕組みのほうが便利ですね。

マクロで作業グループからなるブックを作成する

複数シートを新規ブックにコピー　　　　　11-125：複数シートを一括コピー.xlsm

```
01  Sub 特定シートの一括コピー()
02      '2枚目と3枚目のシートのコピーからなる新規ブックを作成
03      Worksheets(Array(2, 3)).Copy
04  End Sub
```

作業グループを新規ブックにコピー　　　　11-125：複数シートを一括コピー.xlsm

```
01  Sub 作業グループの一括コピー()
02      '作業グループとして選択したシートのコピーからなる新規ブックを作成
03      ActiveWindow.SelectedSheets.Copy
04  End Sub
```

図2：マクロの実行結果

コピー元のブック

1 コピー元のブックで複製したいブックを選択して作業グループを作成し、マクロ「作業グループの一括コピー」を実行

新しいブック

新しいブックが作成され、手順①で選択していた作業グループのシートがコピーされた

ここもポイント｜コピー後のブックを操作するには

Copyメソッドで作成したブックをマクロで操作するには「現状、最後に追加したブック」を取得できる「Workbooks(Workbooks.Count)」というコードでオブジェクトを扱います。これは、最後に追加されたWorkbookオブジェクトのインデックス番号をWorkbooks.Countで取得し、それをWorkbooksコレクションの引数として与えることで、新たに追加されたWorkbookオブジェクトを取得するという意味になります。

シートをまとめて操作する

126 複数シートのデータを1つのシートにまとめる

図1：複数シートのデータを1つのブックに集約

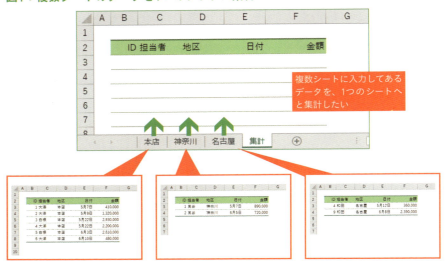

マクロで複数シートのデータを1つのシートにまとめる

　ブック内の複数のシートに散らばっているデータを、1つのシートへとまとめる作業は非常によくある作業です。そして、シート数が多くなってくると、なかなかに時間かかる作業となります。この作業もマクロを利用すれば一瞬で終えることができます。

　マクロを使って**複数のシートのデータをまとめるには、シート全体に対するループ処理と、条件分岐、そしてコピー処理を組み合わせます**。

　ループ処理を行う場合には、「データを集約する集計用のシートを除いてループ処理を行う」という仕組みが必要になります。いろいろな方法がありますが、集計用のシートというのは、ブックの先頭か末尾にあることが多いでしょう。そこで今回は、集計用のシートが末尾にあるものと想定して、「**1枚目のシートから、末尾から1つ前のシートに対してループ処理を行い、データを末尾のシートにコピーする**」という方針でマクロを作成してみましょう。

マクロでデータを集約する

「集計」シートが右端にあり、そこにデータをまとめています。For Nextステートメントで、1番目のシートから最後から1つ手前のシートまでを繰り返し処理し、各シートの見出し部分以外のデータを「集計」シートにコピーしています。

これまで学んできたテクニックを存分に活かし、シートの数や表の行数がばらばらでも正確に動作する、柔軟性の高いマクロに仕上げています。

複数シートのデータを特定シートにコピー　　11-126：複数シートのデータを集約.xlsm

```
01  Sub データの集約()
02      Dim i, rng
03      '集計用の末尾のシートを除いてループ処理
04      For i = 1 To Worksheets.Count - 1
05          '各シートのセルB2起点のセル範囲から見出しを除いた範囲をコピー
06          Set rng = Worksheets(i).Range("B2").CurrentRegion
07          rng.Resize(rng.Rows.Count - 1).Offset(1).Copy
08          '末尾の「集計」シートの見出しセル範囲(B2:F2)を基準とした位置に転記
09          With Worksheets(Worksheets.Count).Range("B2:F2")
10              .Offset(.CurrentRegion.Rows.Count).PasteSpecial xlPasteValues
11          End With
12      Next
13  End Sub
```

図2：マクロの実行結果

	A	B	C	D	E	F
1						
2		ID	担当者	地区	日付	金額
3		1	大澤	本店	43227	410000
4		2	大澤	本店	5月9日	1,320,000
5		3	白根	本店	5月22日	2,930,000
6		4	大澤	本店	5月22日	2,200,000
7		5	白根	本店	6月3日	2,610,000
8		6	大澤	本店	6月10日	480,000
9		1	萬谷	神奈川	43227	890000
10		2	萬谷	神奈川	6月5日	720,000
11		4	和田	名古屋	43232	360000
12		9	和田	名古屋	6月8日	2,390,000
13						

シートタブ：本店　神奈川　名古屋　集計

先頭シート〜末尾の1つ前のシートのデータを、末尾の「集計」シートへと転記できた

マクロでインデックス番号を振りなおす

　各シートのデータに、「通しのインデックス番号」として独自の連番を振ってある場合、コピーしてきたデータもその値を引き継ぎます。しかし、このままでは、同じインデックス番号のデータが混在した状態となってしまいます。

　そこで、コピー後のデータには、新たにインデックス番号を振りなおす処理も作成してみましょう。こちらの処理もループ処理を利用すれば簡単に作成可能です。

連番を振りなおす　　　　　　　　　　　　　　11-126：複数シートのデータを集約.xlsm

```
01  Sub IDの振り直し()
02      Dim rng, i
03      '「集計」シートのセルB3から下方向の最終セルのセル範囲を取得
04      With Worksheets("集計")
05          Set rng = Range(.Range("B3"), .Range("B3").End(xlDown))
06      End With
07      '1から始まる連番を入力
08      For i = 1 To rng.Count
09          rng.Cells(i).Value = i
10      Next
11  End Sub
```

図3：マクロの実行結果

セルB3から下方向に、新たに1から始まるインデックス番号を振り直すことができた

Chapter 12

自動化の可能性を広げる
プラスαテクニック

フォルダーを開く

127 現在のブックのフォルダーを開く

図1：マクロを使ってエクスプローラーを開く

マクロからエクスプローラーを開く

　Excelでブックを開いているとき、現在作業中のブックのフォルダーや、特定の資料が保存してあるフォルダーを、Windowsの**エクスプローラー**で開きたい場合があります。そんなときは、**Shellオブジェクト**の**Runメソッド**を利用すると、希望パスのフォルダーをエクスプローラーで開くことができます。マクロからRunメソッドを利用するには、次のようにコードを記述します。

ShellオブジェクトのRunメソッド
```
CreateObject("WScript.Shell").Run パス
```

　例えば、「C:¥excel」フォルダーを開きたい場合には、次のようにコードを記述します。

```
CreateObject("WScript.Shell").Run "C:¥excel"
```

　特定のフォルダーを開いてから作業を進めたいときは、このマクロを使うことで希望のフォルダーを開くことができます。
　「現在作業中のブックのフォルダー」を開きたいときは、ActiveWorkbookプロパティで取得したブックオブジェクトのPathプロパティを使いましょう。作業中のブックのパスが取得できるので、この値をRunメソッドの引数に指定すればOKです。

マクロから指定パスのフォルダーを開く

マクロ「指定したパスのフォルダーを開く」では、ShellオブジェクトのRunメソッドを使い、「C:¥excel」フォルダーを開いています。

特定フォルダーを開く　　　　　　　　　　　　　　　12-127：フォルダーを開く.xlsm

```
01  Sub 指定したパスのフォルダーを開く()
02      '「C:¥excel」フォルダーを開く
03      CreateObject("WScript.Shell").Run "C:¥excel"
04  End Sub
```

マクロ「アクティブなブックのフォルダーを開く」も、ShellオブジェクトのRunメソッドを使い、フォルダーを開く点は1つ目のマクロと同じです。開くフォルダーは「ActiveWorkbook.Path」にすることで、現在操作しているブックが保存されているフォルダーを開いています。

特定フォルダーを開く　　　　　　　　　　　　　　　12-127：フォルダーを開く.xlsm

```
01  Sub アクティブなブックのフォルダーを開く()
02      '現在作業中のブックのフォルダーを開く
03      CreateObject("WScript.Shell").Run ActiveWorkbook.Path
04  End Sub
```

図2：マクロの実行結果

1つ目のマクロを実行すると、「C:¥excel」フォルダーが表示される（左の画像）。2つ目のマクロを実行すると、現在操作中のブックが保存されているフォルダーが表示される（右の画像）

ここもポイント｜「いつものフォルダーのセット」で作業をスタート

業務の種類によっては、「定番の開いておきたいフォルダーのセット」が決まっていることもあるでしょう。その場合には本トピックのマクロを利用して、複数のフォルダーを一気に開くマクロを作成しておくと、必要なフォルダーをスムーズに開いて作業を開始できますね。

フォルダーを開く

128 個人用マクロブックのあるフォルダーを一発で開く

図1：PERSONAL.XLSBのあるフォルダーをエクスプローラーで開く

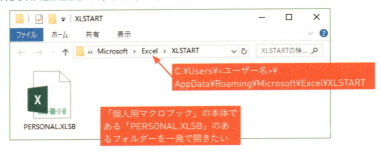

C:¥Users¥<ユーザー名>¥AppData¥Roaming¥Microsoft¥Excel¥XLSTART

「個人用マクロブック」の本体である「PERSONAL.XLSB」のあるフォルダーを一発で開きたい

📄 マクロから「XLSTART」フォルダーを開く

　Excelでは、どのブックからも利用したいマクロを作成する際には、「**個人用マクロブック**」という場所にマクロを保存する方法が用意されています。

　個人用マクロブックを作成するには、マクロの記録機能でマクロを記録する際に、[マクロの保存先] 欄から「個人用マクロブック」を選択して記録開始すると自動的に作成されます。この個人用マクロブックは、「**PERSONAL.XLSB**」という名前の特殊なブックとして、専用のフォルダー「XLSTARTフォルダー」へと作成・保存されます。

　個人用マクロブックは、一度作成すると、以降、Excelを起動するたびに自動的に開かれ、どのブックからも記述してあるマクロが利用できるようになります。作業中のExcelブックに直接マクロを保存しなくてもマクロが使えるようになる便利な仕組みです。その反面、特にマクロを必要としない作業の際にも開いてしまうため、少々邪魔になる場合もあります。

　個人用マクロブックを機能しなくするには、直接エクスプローラーでXLSTARTフォルダーを開いて、PERSONAL.XLSBを削除すればいいのですが、このXLSTARTフォルダーの場所が少々面倒な場所となっており、探しだすのに一苦労します。そこで、マクロを利用してこのXLSTARTフォルダーを開く仕組みを用意しておくと、うっかり不必要な個人用マクロブックを作成してしまった場合でも、すばやく削除できます。

マクロからXLSTARTフォルダーを開く

　個人用マクロブック（PERSONAL.XLSB）が保存されている「XLSTART」フォルダーを表示するマクロです。個人用マクロブックはExcelの起動時に自動で読み込まれるので、「**Workbooks("PERSONAL.XLSB")**」でこのブックのオブジェクトを扱えます。あとはPathプロパティを使うことで個人用マクロブックのパスを取得し、ShellオブジェクトのRunメソッドに渡してフォルダーを開いています。なお、個人用マクロブックが作成されていない場合は、エラーとなります。

XLSTARTフォルダーを開く　　　12-128：個人用マクロブックのフォルダーを開く.xlsm

```
01  Sub 個人用マクロブックのフォルダーを開く()
02      CreateObject("WScript.Shell").Run _
03          Workbooks("PERSONAL.XLSB").Path
04  End Sub
```

図2：マクロの実行結果

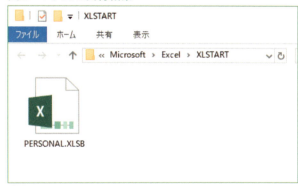

個人用マクロブックが作成されている状態でマクロを実行すると、「PERSONAL.XLSB」の保存されている「XLSTART」フォルダーを開くことができる

ここもポイント｜PERSONAL.XLSBの削除はいったんExcelを終了してから

首尾よくPERSONAL.XLSBのあるフォルダーを開いたら、削除を行うわけですが、この削除作業は、いったんExcelを終了してから行ってください。個人用マクロブックは、Excelの起動と共に自動的に開く仕組みとなっているので、Excelが開いたままだと削除ができないのです。
なお、一度削除したPERSONAL.XLSBは、再びマクロの保存先を「個人用マクロブック」にしたうえで、マクロの記録機能を実行すれば、再度作成されます。

画面表示を調整する

129 いつもの ウィンドウサイズに調整する

図1：いつも作業しているウィンドウサイズに調整する

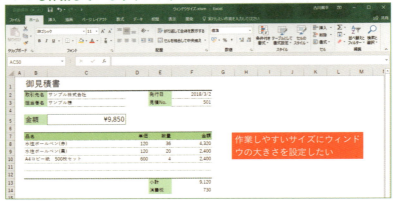

作業しやすいサイズにウィンドウの大きさを設定したい

マクロでウィンドウのサイズを設定する

ほかの資料を見ながら請求書や経費精算書といった書類を作るときは、2つの資料がちょうど見えるようにExcelのウィンドウサイズを調整しておくと、快適に操作できます。このようなウィンドウの大きさや位置を調整するには、ウィンドウを指定し、それぞれ「**Width**」「**Height**」「**Left**」「**Top**」の各プロパティで「幅」「高さ」「左端位置」「状態位置」を指定します。

表1：位置と大きさに関するプロパティ

プロパティ	用途	プロパティ	用途
Width	幅を設定	Top	上端の位置を設定
Height	高さを設定	Left	左端の位置を設定

対象ウィンドウの指定は、アクティブなウィンドウであれば「ActiveWindowプロパティ」で、特定のブックが表示されているウィンドウであれば「Workbooks("ブック名").Parent」で操作するといいでしょう。

なお、ウィンドウの位置や大きさを設定する場合には、ウィンドウの表示設定が「標準」になっている必要があります。この設定は、ウィンドウの「**WindowStateプロパティ**」の値に「**xlNormal**」を指定します。

マクロからアクティブなウィンドウのサイズを指定

ウィンドウサイズを設定する

12-129：ウィンドウサイズ.xlsm

```
01  Sub ウィンドウサイズ設定()
02      'アクティブなウィンドウのサイズを設定
03      With ActiveWindow
04          'ウィンドウの表示設定を「通常」に変更
05          .WindowState = xlNormal
06          '幅と高さを設定
07          .Width = 520
08          .Height = 520
09      End With
10  End Sub
```

図2：マクロの実行結果

アクティブなウィンドウのサイズを幅「520」、高さ「520」の状態に変更できた

ここもポイント | **Excel 2010以前は1つのウィンドウ内に複数ブックが表示される**

Excel 2013以降では、「1つのウィンドウに1つのブックが表示される」という、いわゆる「SDI方式」で表示されますが、それより前のバージョンでは「1つのウィンドウ内に複数ブックを表示する」という「MDI方式」で表示します。このため、ウィンドウの幅や高さを設定する場合には、設定値が異なります。どのバージョンで利用するかを検討し、実際にウィンドウサイズを調整して適切な数値を確かめながらマクロを作成しましょう。

画面表示を調整する

130 画面のちらつきやイベント処理を抑えて高速化する

マクロで画面の更新や再計算の方法を設定する

　マクロからブックを開いたり、シートを追加／削除したりといった操作を行うと、その操作に応じて画面上のExcelも動きます。複数のブックやシートを操作すると、まるで早送りの動画を見ているかのように目まぐるしく画面が更新されます。また、セルに値を入力すると、その度に入力したセルに関連する式が再計算されます。

　しかし、多くの場合、マクロを実行する際には、途中経過の画面を確認する必要はありませんし、シート上に入力された数式の再計算も、ひととおりの処理が終了した時点で行えば十分です。そこで、一時的にこれらの動作をオフにすると、画面も更新されずに見やすくなり、マクロの実行スピードも上げることができます。

　既定の動作をオフにするには、Applicationオブジェクトに用意されているプロパティを利用します。画面の更新は「**ScreenUpdating**」、イベント処理は「**EnableEvents**」、再計算は「**Calculation**」、そして、シートやセルの削除時や保存時などの確認メッセージは「**DisplayAlerts**」の値を変更します。

表1：マクロの実行速度に影響のある要素

要素	対応プロパティと用途
画面更新	ScreenUpdatingプロパティ オフ：False　オン：True
イベント処理	EnableEventsプロパティ オフ：False　オン：True
再計算	Calculationプロパティ 手動：xlCalculationManual　自動：xlCalculationAutomatic
警告メッセージ表示	DisplayAlertsプロパティ オフ：False　オン：True

　基本的には、マクロとして実行したい内容の前に、各種の動作をオフにするコードを記述し、実行したい内容の後ろで、各種動作を元の状態に戻すコードを記述します。次のコードのように画面の更新をオフにするだけでかなり実行速度が上がるので、覚えておくと便利な仕組みです。

```
Application.ScreenUpdationg = False
この箇所にマクロを記述
Application.ScreenUpdationg = True
```

画面の更新をオフにしてマクロを実行

　3行目で画面更新をオフにし、5〜8行目で別のブックを開き、データの転記を行っています。処理の終了後、画面更新をオンに戻す（10行目）のを忘れないようにしましょう。サンプルには画面更新を行うマクロも用意しているので動作を見比べてみてください。

画面更新をオフにしてマクロを実行　　　　　　　　　12-130：高速化¥高速化要素.xlsm

```
01  Sub 画面を更新せずにブックのデータを転記()
02      '画面更新をオフにする
03      Application.ScreenUpdating = False
04      '「本店.xlsx」を開いてデータを転記して閉じる
05      With Workbooks.Open(ThisWorkbook.Path & "¥本店.xlsx")
06          .Worksheets(1).Range("B3:F8").Copy ThisWorkbook.Worksheets(1).Range("B3")
07          .Close
08      End With
09      '画面更新をオンに戻す
10      Application.ScreenUpdating = True
11  End Sub
```

図1：マクロの結果

❶ マクロを記述したブックと同じ場所にある「本店.xlsx」を開いてデータを転記する処理を、画面を更新せずに実行

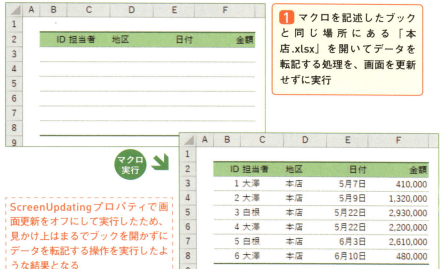

ScreenUpdatingプロパティで画面更新をオフにして実行したため、見かけ上はまるでブックを開かずにデータを転記する操作を実行したような結果となる

フォームコントロールを使いこなす

131 | ボタンに登録するマクロを切り替える

図1：ボタンをクリックするたびに実行するマクロを切り替える

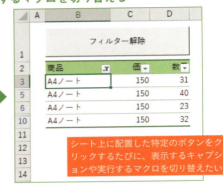

シート上に配置した特定のボタンをクリックするたびに、表示するキャプションや実行するマクロを切り替えたい

🔲 マクロでボタンに登録してあるマクロを変更する

　Excelでは、[開発]-[挿入]をクリックすると表示される各種コントロールの中から、[フォームコントロール]の[ボタン]を選択することで、シート上にボタンを配置することができます（P.306）。このボタンには任意のマクロを登録でき、ボタンをクリックすると、登録したマクロが実行されるようになります。

　実はこの**「ボタンへのマクロの登録」という操作は、マクロからも行えます**。ボタンへのマクロの登録は、ボタン（図形）を指定し、「**OnActionプロパティ**」に登録したいマクロ名を指定します。

`図形.OnAction = マクロ名`

　例えば、「ボタン 1」という名前のボタンに「macro1」というマクロを登録したい場合には、次のようにコードを記述します。

`ActiveSheet.Shapes("ボタン 1").OnAction = "macro1"`

　この仕組みを使用すると、同じボタンをクリックすると、クリックするたびに違う操作やナビゲーション表示を行うようなボタンも作成できます。

ボタンをクリックするたびにマクロを切り替える

2つの「マクロA」「マクロB」を用意し、P.306を参考にマクロAをボタンに登録します。ボタンをクリックするとマクロAが実行され、フィルターが設定されると同時に、5～8行目のコードでボタンに表示されるテキストと、登録されるマクロが「マクロB」に変更されます。

再度ボタンをクリックすると、今度はマクロBが実行されます。フィルターの解除と同時に、15～18行目のコードでボタンのテキストと、登録されるマクロが「マクロA」に切り替わります。

マクロの登録

12-131：マクロの登録.xlsm

```vba
Sub マクロA()
    'アクティブセルの値でフィルター
    Range("B2:D10").AutoFilter 1, ActiveCell.Value
    'ボタンのテキストと登録マクロを変更
    With ActiveSheet.Shapes("ボタン 1")
        .TextFrame.Characters.Text = "フィルター解除"
        .OnAction = "マクロB"
    End With
End Sub

Sub マクロB()
    'フィルター解除
    ActiveSheet.AutoFilterMode = False
    'ボタンのテキストと登録マクロを変更
    With ActiveSheet.Shapes("ボタン 1")
        .TextFrame.Characters.Text = "選択セルの値でフィルター"
        .OnAction = "マクロA"
    End With
End Sub
```

図2：マクロの結果

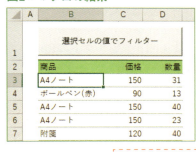

ボタンを押す度に、「セルの値で1列目をフィルター」と「フィルターの解除」の処理を切り替えるボタンを作成できた

アプリを起動する

132 | ブラウザーで任意のページを開く

図1：マクロからブラウザーで任意のページを開く

マクロから任意のURLのWebページをブラウザーで開きたい

マクロで指定したWebページをブラウザーで表示する

　決算資料をExcelで作るときは、必ず社内マニュアルのWebページを見ながら作業する。あるいは官公庁への申請書を、Webページのガイドラインを確認しつつ準備する——なんてことがよくあるのではないでしょうか。毎回同じページを開くのであれば、ブラウザーの［お気に入り］機能を利用してもよいのですが、マクロを使ってブラウザー上で任意のWebページを開く仕組みを用意しておくと、一発で「いつものWebページ」を開くことも可能です。

　マクロでブラウザーを開くには、次のようにShellオブジェクトのRunメソッドに、WebページのURLを引数として指定します。

マクロでWebページを開く
```
CreateObject("Wscript.Shell").Run 表示したいURL
```

　例えば、「Googleのトップページ（https://www.google.co.jp/）」をブラウザーで開きたい場合には、次のようにコードを記述します。

```
CreateObject("Wscript.Shell").Run "https://google.jp/"
```

　このとき、使用されるブラウザーは、いわゆる「標準のブラウザー」が使用されます。

マクロから指定したWebページを表示

　引数を開きたいWebページのURLにして、ShellオブジェクトのRunメソッドを実行することで、マクロから目的のWebページを開いています。

ブラウザーを開く　　　　　　　　　　　　　　　　　　　　12-132：ブラウザーを開く.xlsm

```
01  Sub ブラウザーを開く()
02      '指定したURLを「標準のブラウザー」で開く
03      CreateObject("Wscript.Shell").Run "https://book.impress.co.jp/"
04  End Sub
```

図2：マクロの結果

指定したURLのWebページを標準のブラウザーで開くことができた

> **ここもポイント** | **Webページ以外も開ける**
>
> ShellオブジェクトのRunメソッドは、引数にファイルのパスを指定すると、マクロからそのファイルを開くことも可能です。Excelブック以外にも、Wordドキュメントや画像、テキストファイルなど、既定のアプリケーションが設定されているファイルであればなんでも対応します。

タイマーを設定する

133 指定時間や一定の間隔でマクロを実行

図1：指定した時間にマクロを実行

ボタンを押してから5秒後など、指定時間になったらマクロを実行したい

📘 指定した時間にマクロが実行されるように予約する

　他の計器から取り込んだデータをExcel上に読み込むような場合や、一定の時間間隔で最新のデータを確認・参照したい場合等、「今すぐマクロを実行するわけではないが、ある時間になったら実行したい」というような場合には、マクロの実行を予約することができます。

　マクロの実行を予約するには、**Applicationオブジェクトの「OnTimeメソッド」を利用**します。

OnTimeメソッド
```
Application.OnTime 実行時間, 実行マクロ
```

　時間の指定を行う場合には、「**TimeValue関数**」を利用すると、普段の時間表記の形で予約時間を指定できて便利です。例えば、次のコードでは、「14:30」に「macro1」の実行を予約します。

```
Application.OnTime TimeValue("14:30"), "macro1"
```

　また、「今から5秒後」「今から10分後」など、予約時の時間を基準に実行時間を指定したい場合には、現在の日時情報を取得できるNow関数と組み合わせると、予約時間の計算が簡単になります。

```
'10分後に「macro1」を実行予約
Application.OnTime Now + TimeValue("00:10"), "macro1"
```

実行を予約したマクロ内で、さらに次の実行を予約するコードを記述しておけば、「一定の時間間隔でマクロを定期的に実行する」といった処理も作成できますね。

なお、OnTimeメソッドを使ったマクロの実行時間は、秒数までの指定が可能です。

5秒後にマクロを実行

指定時間後にマクロを実行する「マクロを予約実行」と、そのマクロから呼び出される「メッセージ表示」の2つを準備します。「マクロを予約実行」でOntimeメソッドを実行し、現在時間に5秒を足して、5秒後に「メッセージ表示」を実行するよう設定しています。

5秒後にマクロを実行　　　　　　　　　　　　　　12-133：マクロの実行を予約.xlsm

```
01  Sub マクロを予約実行()
02      '5秒後に実行予約
03      Application.OnTime Now + TimeValue("0:00:05"), "メッセージ表示"
04      Range("B6").Value = "実行待機中"
05  End Sub
06
07  Sub メッセージ表示()
08      Range("B6").Value = "実行完了"
09      MsgBox "予約時間になりました"
10  End Sub
```

ここもポイント ｜ 予約を解除するには

予約したマクロの実行を取り消すには、同じ予約時間、マクロ名に加え、引数「Schedule」に「False」を指定してOnTimeメソッドを実行します。次のコードでは、「14:30」に実行を予約した「macro1」の実行予約を取り消します。

```
Application.OnTime TimeValue("14:30"), _
    "macro1", Schedule:=False
```

ちなみに、OnTimeメソッドを利用してマクロの実行予約を行っても、指定時間にセル内編集モードでセルの値を変更していたりすると、実行されません。編集作業が終わった時点で実行されます。

Sub／Functionステートメント

134 複数のマクロを順番に呼び出す

図1：マクロを呼び出すマクロの仕組み

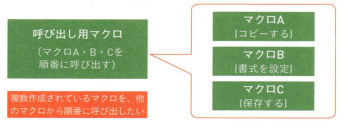

マクロからほかのマクロを実行する

　小さなマクロが作成できるようになってくると、そのマクロを順番に実行したくなってきます。例えば、「コピーをするマクロ」を実行後に「書式を設定するマクロ」を実行し、さらに「保存を行うマクロ」を実行する——といった具合です。

　複数のマクロの内容を1つのマクロに集約してもよいのですが、そうなると、1つのマクロのプログラムが長くなり、**「何をやっているマクロなのかよくわからなくなってしまう」「エラーが起きた場合にどこを修正していいのかがわかりにくくなる」**という事態に陥りがちです。

　そこで発想を変えて、**すでに動作が確認できている小さなマクロを順番に呼び出す仕組み**を作成してみましょう。個々の小さなマクロは見通しがよく、動作の確認もしやすいため、メンテナンスが楽になります。

　マクロからマクロを呼び出すには、Callステートメントを利用します。

Callステートメント
```
Call マクロ名
```

　例えば、「macro1」という名前のマクロを呼び出すには、次のようにコードを記述します。

```
Call macro1
```

複数のマクロを順番に呼び出すには、呼び出したい順番通りにCallステートメントを記述していけばOKです。

マクロからほかのマクロを呼び出す

マクロ「マクロを順番に呼び出し」には、3つのCallステートメントが記述されているだけで、実際の処理はこのマクロの中では行われません。ほかのコードと同様、Callステートメントも上から順番にコードを実行します。ここでは、まず値を入力する「マクロA」、その次に罫線を引く「マクロB」、最後に表示形式を設定する「マクロC」が実行されます。

マクロの呼び出し　　　　　　　　　　　　　　　　12-134：マクロの呼び出し.xlsm

```
01  Sub マクロを順番に呼び出し()
02      Call マクロA
03      Call マクロB
04      Call マクロC
05  End Sub
06
07  Sub マクロA()
08      Range("E3").Value = "28000"    '値を入力
09  End Sub
10
11  Sub マクロB()
12      Range("E3").BorderAround xlContinuous    '罫線を引く
13  End Sub
14
15  Sub マクロC()
16      Range("E3").NumberFormatLocal = "¥#,##0"    '書式を設定する
17  End Sub
```

図2：マクロの結果

マクロ「マクロを順番に呼び出し」を実行し、3つのマクロを順番に呼び出すことができた

> **ここもポイント｜ほかのブックのマクロを実行する**
>
> Callステートメントで実行できるのは、同じブックに記入しているマクロのみです。ほかのブックのマクロを実行するには、「Application.Runメソッド」を使います。引数は「"ブック名!マクロ名"」のように記載します。

Sub／Functionステートメント

135 ユーザー定義関数でマクロの流れをスッキリ整理

図1：独自の関数でプログラムの流れをスッキリさせる

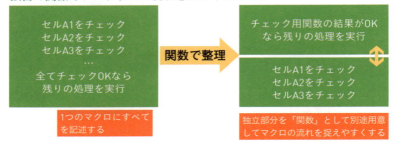

関数でマクロを整理する

VBAでは、「Functionステートメント」を利用すると、ワークシート関数のように、引数に応じて何らかの結果を返すオリジナルの「関数」を作成できます。

Functionスラートメント
```
Function 関数名(引数名)
    引数を利用した処理
    関数名 = 戻り値
End Function
```

Functionステートメントは、マクロを作成するSubステートメントとほぼ同じ構文で作成可能です。1つ大きく違う点は、関数の結果の値(戻り値)を返す際に、「関数名 = 戻り値」という形式で指定を行う点です。

例えば、次の関数「Add2」は、2つの引数を加算した結果を返す関数となります。

```
Function Add2(num1, num2)
    Add2 = num1 + num2
End Function
```

作成した関数を利用するには、コードの中にそのまま関数名と引数を記述すればOKです。上記の関数「Add2」を呼び出すには、次のようにコードを記述します。

```
MsgBox Add2(10, 20)    '関数add2に「10」と「20」を渡して結果を表示
```

結果は、「30」とメッセージボックスに表示されます。

「指定セル範囲に空白セルがあるか」を判定する

次のコードでは、「指定セル範囲に空白セルがあるかどうか」を判定する関数「HasEmptyRange」を作成し、別のマクロの中で呼び出しています。空白セルがあるかどうかの判定部分を別途作成し、関数名を工夫することで、「何の判定をしているのか」の意図が伝わりやすいマクロに整理できました。

関数を利用してコードを整理　　　　　　　　　　　　　　12-135：関数の利用.xlsm

```vb
01  Sub 関数で整理()
02      '指定セル範囲にすべて値が入力されているかどうかでメッセージを分岐
03      If HasEmptyRange(Range("C2:C4")) = True Then
04          MsgBox "必要項目が入力されていない箇所があります"
05      Else
06          MsgBox "すべてのセルに値が入力されています"
07      End If
08  End Sub
09
10  '引数に指定したセル範囲に値が入力されてないセルがある場合Trueを、
11  '入力されていればFalseを返す関数(CountBlankワークシート関数を利用)
12  Function HasEmptyRange(rng)
13      HasEmptyRange = WorksheetFunction.CountBlank(rng) > 0
14  End Function
```

図2：マクロの結果

「指定セル範囲に空白セルがあるかどうか」を判定する関数を別途用意し、関数を利用して何をやっているかがわかりやすいマクロに整理できた

Sub／Functionステートメント

136 呼び出すマクロに情報を渡す

図1：マクロを呼び出す際に情報を渡す

マクロに「引数」を設定し、必要な情報を渡して実行できるようにしたい

マクロに引数でデータを渡す

ワークシート関数やVBAのメソッドでは、引数というかたちで処理に必要な情報を渡せるものが多くあります。実は**自作のマクロにも、この引数の仕組みを追加することが可能**なのです。

```
Sub マクロ名(引数名)
    引数を利用した処理
End Sub
```

引数を利用する場合には、**マクロ名の後ろのカッコ内に、受け取りたい情報のぶんだけ引数をカンマ区切りで列記します**。次の例では、マクロ「macro1」に2つの引数「arg1」と「arg2」を設定しています。

```
Sub macro1(arg1, arg2)
    MsgBox arg1 * arg2      'arg1とarg2を乗算した値を表示
End Sub
```

設定した引数は、マクロ内では変数のように扱えます。上記のmacro1内では、「arg1 * arg2」というかたちで、受け取った引数の値を乗算する処理となります。このマクロに引数を指定して実行するには、**Callステートメントで呼び出す際に、マクロ名の後ろにカッコを付け、引数として渡したい値を記述します**。

```
Call macro1(10, 2)      '10*2の結果である「20」が表示される
Call macro1(15, 4)      '15*4の結果である「60」が表示される
```

まるでワークシート関数やメソッドを利用するように、自分で作成したマクロが利用できるようになりますね。

引数を指定してほかのマクロを呼び出す

マクロ「引数を指定して呼び出し」では、マクロ「値入力」に異なる引数を指定して、2回呼び出しています。このマクロを実行すると、2行目はセル範囲B2:F2、3行目はB4:F6と、同じマクロでも異なる実行結果が得られることが確認できます。

引数を指定して呼び出し　　　　　　　　　　　　　　　12-136：引数の設定.xlsm

```
01  Sub 引数を指定して呼び出し()
02      Call 値入力(Range("B2:F2"))
03      Call 値入力(Range("B4:F6"))
04  End Sub
05
06  '引数rngで受け取ったセル範囲に値を入力するマクロ
07  Sub 値入力(rng)
08      rng.Value = "VBA"
09  End Sub
```

図2：マクロの結果

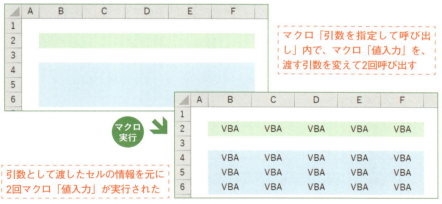

ここもポイント ｜ 重要になってくるマクロの「名前」

マクロの呼び出しによる連携を行う際に重要となってくるのが、呼び出される側のマクロの「名前」です。Callステートメントでマクロを呼び出す際に、ぱっと見ただけでどんな処理を行うマクロなのかがわかりやすい名前にしておくと、プログラムの流れや意図がわかりやすくなります。

■ リスト化した値を使ってマクロに引数を渡す

　引数を受け取るマクロと、Array関数で作成したリストを使ったループ処理を組み合わせると、任意のマクロに対して、複数の引数を連続して渡して実行する仕組みが作成できます。いったんこの仕組みを作成してしまえば、作成するリストの中身を追加・修正するだけで処理の対象としたい値やオブジェクトを切り替えながら、マクロを実行できるようになります。

　次のコードでは、「セル範囲B2:F2」「セル範囲B4:F6」の2つの値のリストを作成し、そのリストの値をループ処理でマクロ「値入力」へと渡して実行します。

リストの値を使ってマクロを呼び出す

```
01  '引数rngで受け取ったセル範囲に値を入力するマクロ
02  Sub 値入力(rng)
03      rng.Value = "VBA"
04  End Sub
05
06  Sub リストを作成して呼び出し()
07      Dim list, arg
08      '引数に渡したい情報のリストを作成
09      list = Array(Range("B2:F2"), Range("B4:F6"))
10      'ループ処理で呼び出すマクロにリスト内の引数をひとつずつ渡して実行
11      For Each arg In list
12          Call 値入力(arg)
13      Next
14  End Sub
```

図3：マクロの結果

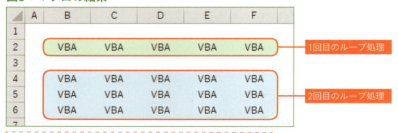

リスト内の引数を使って、マクロ「値入力」が実行された

Chapter 13

マクロをもっと手軽に使えるようにする

マクロを瞬時に起動する

137 マクロをボタンや図形に登録する

図1：ボタンや図形にマクロを実行

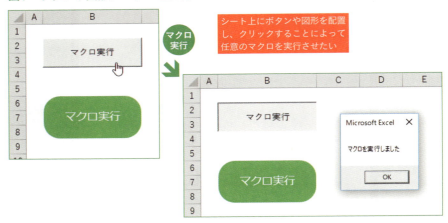

シート上にボタンや図形を配置し、クリックすることによって任意のマクロを実行させたい

マクロを手軽に実行するボタンを用意する

　作成したマクロは、[マクロ] ダイアログボックスから選択して実行するだけではなく、**シート上に配置したボタンや図形から実行することもできます。**

　手順としては、まず、[開発] タブの [挿入] ボタンをクリックして表示されるメニューから、左上の [フォームコントロール] のボタンを選択します。次に、ボタンを配置したい場所をドラッグします。すると、[マクロの登録] ダイアログが表示されるので、登録したいマクロを選択して、[OK] ボタンをクリックすれば完成です。

　配置したボタンに表示されるテキストは、ボタンを右クリックして表示されるメニューから、[テキストの編集] を選択して変更可能です。また、図形に登録したい場合には、シート上に配置した図形を右クリックして表示されるメニューから、[マクロの登録] を選択すれば、同じようにマクロを登録可能です。

　ボタンをクリックするだけでマクロが実行できるので、ほかの人とブックを共有し、マクロを使ってもらいたいときに便利な機能です。

■ シート上にマクロを実行するボタンを配置

図2：ボタンの配置とマクロの登録

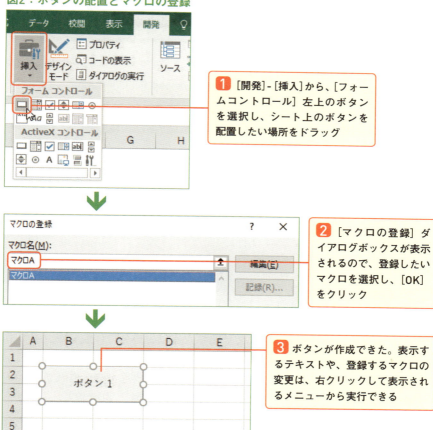

1. [開発]-[挿入]から、[フォームコントロール] 左上のボタンを選択し、シート上のボタンを配置したい場所をドラッグ

2. [マクロの登録] ダイアログボックスが表示されるので、登録したいマクロを選択し、[OK]をクリック

3. ボタンが作成できた。表示するテキストや、登録するマクロの変更は、右クリックして表示されるメニューから実行できる

ここもポイント | とりあえず配置してあとからマクロを登録することも可能

ボタンを配置する際、マクロを登録せずに、[キャンセル] ボタンをクリックしておき、あとからあらためて右クリックして表示されるメニューから、[マクロの登録] を選択して登録することも可能です。なお、配置したボタンの位置や大きさを変更したい場合は、いったんボタンを右クリックし、表示される枠やハンドル部分をドラッグします。

マクロを瞬時に起動する

138 マクロをクイックアクセスツールバーに登録する

図1：クイックアクセスツールバー

クイックアクセスツールバーにマクロを登録する

　Excel画面の上部には、登録した機能をボタン一つで実行できる、**クイックアクセスツールバー**が用意されています。実は、自分で作成したマクロもこの場所に登録できるのです。

　手順は、クイックアクセスツールバーを右クリックして表示されるメニューから［クイックアクセスツールバーのユーザー設定］を選択し、［コマンドの選択］から「マクロ」を選択します。すると、作成済みのマクロのリストが表示されるので、登録したいマクロを選び、［追加］ボタンをクリックして、最後に［OK］ボタンをクリックすれば登録完了です。

　なお、マクロ登録時に、［クイックアクセスツールバーのユーザー設定］欄から、ボタンの利用を「**すべてのドキュメントに適用**」か、「**マクロの記述してあるブックに適用**」かを選択できるようになっています。前者の場合は、どのブックで作業を行ってもボタンが表示され、マクロが実行できます。後者の場合は、マクロの記述してあるブックで作業を行っているときにのみにボタンが表示され、マクロを実行できます。登録するマクロの用途に応じて、「常に使いたいマクロ」なのか、「特定ブックでのみ使いたいマクロ」なのかを考えて、登録の種類を使い分けましょう。

クイックアクセスツールバー上にマクロボタンを配置

図2：ボタンの配置とマクロの登録

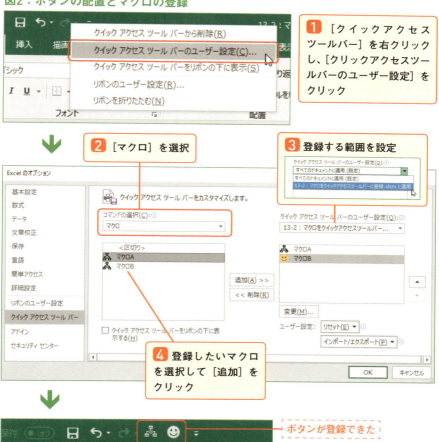

ここもポイント ｜ ボタンの編集

クイックアクセスツールバーの追加したボタンの見た目は変更することもできます。手順③のあとで［変更］ボタンをクリックすると、アイコンの候補が表示されるので、そこ設定したいアイコンを選択します。

マクロを瞬時に起動する

139 マクロをショートカットキーに登録する

図1：ショートカットキーにマクロを実行

ショートカットキーでマクロを瞬時に起動

　作成したマクロは、［マクロ］ダイアログボックスから選択して実行するだけではなく、**ショートカットキーに登録して実行することもできます。**

　手順としては、まず、［開発］タブの［マクロ］ボタンをクリックし、［マクロ］ダイアログからショートカットキーに登録したいマクロを選択し、［オプション］ボタンをクリックします。

　［マクロオプション］ダイアログが表示されるので、［ショートカットキー］欄に、ショートカットキーとして登録したいキーを入力して［OK］ボタンをクリックすれば登録完成です。

　登録したマクロは、基本的に、Ctrl+［登録したキー］で実行します。このショートカットキーは、マクロを登録したブックが開いてある間は、どのブックで作業を行っていても利用できます。また、マクロを登録したブックを閉じると、登録も解除されます。

　なお、**すでにショートカットキーの割り当てられているキーに対してマクロを登録すると、登録したマクロの実行が優先され、既定の動作は行われなくなります。**例えば、Ctrl+Cキーにマクロを登録すると、以降、Ctrl+Cキーでは、既定の動作である「コピー」は実行されずに、登録したマクロが実行されます。

ちなみに、マクロにキーを登録する際、Shiftキーを押しながら登録したいキーを入力すると、そのショートカットは、Ctrl+Shift+［登録したキー］で実行されるようになります。既存のショートカットと重複させたくない場合には、この方法で開いているショートカットキーを登録するのもいいですね。

■ 作成済みのマクロをショートカットキーに登録する

図2：ショートカットキーへのマクロ登録

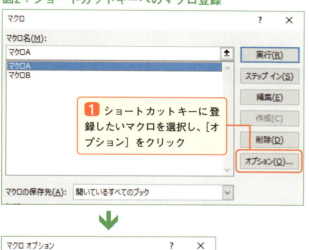

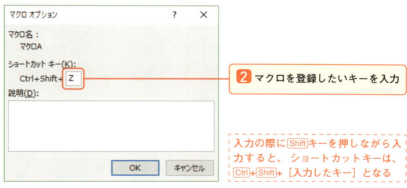

ここもポイント｜マクロからショートカットキーを登録することも可能

ショートカットキーは、「OnKeyメソッド」を利用すると、マクロから登録することも可能です。詳しくは、P.254を確認してください。

イベント処理

140 マクロを自動で起動する

図1：ダブルクリックした時点でマクロを実行する

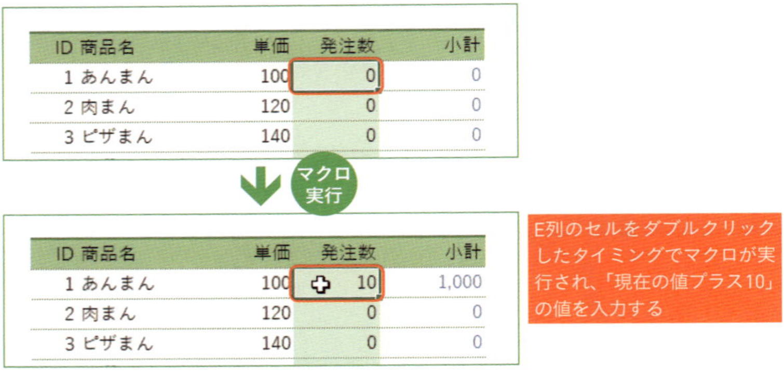

E列のセルをダブルクリックしたタイミングでマクロが実行され、「現在の値プラス10」の値を入力する

イベント処理とは

　VBAでは、あらかじめ用意された「**イベント**」が発生するタイミングで、任意のマクロを実行できる仕組みが用意されています。この仕組みを「**イベント処理**」と呼びます。

　イベント処理を利用すると、ユーザーがセルの値を変更したタイミングや、ブックを開いたタイミング、閉じようとするタイミングなどで用意しておいたマクロの内容を実行し、追加の処理や、既定の処理をキャンセルするといったことが可能となります。

表1：WorkbookとWorksheetのよく使うオブジェクト（抜粋）

オブジェクト	イベント	タイミング
Workbook	Open	ブックを開いたとき
	BeforeClose	ブックを閉じるとき
	BeforeSave	ブックの保存時
Worksheet	Change	セルの値変更時
	SelectionChange	選択セル変更時
	BeforeDoubleClick	セルをダブルクリック操作時
	BeforeRightClick	セルを右クリック操作時

■ イベント処理は専用の「オブジェクトモジュール」に作成する

　イベント処理は、専用の「**オブジェクトモジュール**」に記述します。オブジェクトモジュールは、VBE画面左上のプロジェクトエクスプローラーから、「**Sheet1（Sheet1のイベント処理記述場所）**」「**ThisWorkbook（ブックのイベント処理記述場所）**」などのオブジェクトをダブルクリックして表示します。

　表示できたら、コードウィンドウ上端にある2つのボックスのうち、左側からオブジェクトを、右側から、そのオブジェクトでイベント処理を作成したいイベントを選択します。すると、対応するイベント処理のひな形がコードウィンドウに自動記入されます。

図2：オブジェクトモジュールと2つのボックス

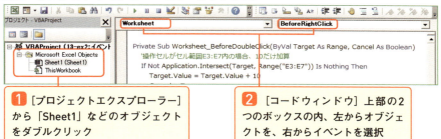

1　[プロジェクトエクスプローラー]から「Sheet1」などのオブジェクトをダブルクリック

2　[コードウィンドウ] 上部の2つのボックスの内、左からオブジェクトを、右からイベントを選択

　例えば、「Sheet1」のオブジェクトモジュールを表示し、「Worksheet」の「Changeイベント」を選択すると、次のような**ひな形**が自動入力されます。

```
Private Sub Worksheet_Change(ByVal Target As Range)

End Sub
```

　このひな形の「**Private Sub**」から「**End Sub**」に挟まれた部分にコードを記述すると、対応イベント発生時に、コードの内容が実行されます。例えば、次のコードは、Changeイベント発生時（指定シートのセルの値変更時）に、メッセージボックスを表示します。

```
Private Sub Worksheet_Change(ByVal Target As Range)
    MsgBox "セルの値を変更しました！"
End Sub
```

　本書ではページ数の都合上、すべてのイベントをご紹介することはできませんが、この2つのボックスを使うと、どのようなイベントが用意されているかを確認することができるでしょう。

📝 イベント処理ならではの引数を利用する

　イベントの種類によっては、イベントに関連する情報や、イベント処理終了後に発生する既定の動作を、引数によって取得／設定できるものもあります。

　例えば、**Worksheetオブジェクトの Changeイベント**は、「セルの値が変更されたときに発生するイベント」です。この イベントに対応するイベントプロシージャのひな形を作成すると、引数「**Target**」が用意されていることが確認できます。

セルの値が変更されたセルを表示　　　　　　　　　　13-4：イベント処理.xlsm（Sheet1）

```
01  Private Sub Worksheet_Change(ByVal Target As Range)
02      ' 引数 Target を通じて対象セルへとアクセス
03      MsgBox "変更したセル:" & Target.Address
04  End Sub
```

図3：引数Targetの利用

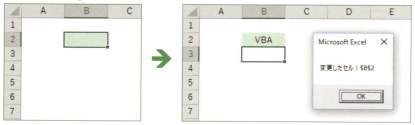

　この**引数Targetには、「変更のあったセル」への参照が格納**されており、引数経由で、そのセルへとアクセスできます。変更後の値をチェックしたい場合には、「Target.Value」、アドレスを確認したい場合には、「Target.Address」という形で対象セルを操作できます。

イベントと引数の例(抜粋)

イベント	引数	用途
Worksheetオブジェクトの Changeイベントなど	Target	セルを操作した際に発生するイベント処理全般に用意された引数。引数を通じて、「操作されたセル」へとアクセスできる
Workbookオブジェクトの BeforeCloseイベントなど	Cancel	ブックを閉じる際などの、「その操作後に、なんらかの別の動作が実行される」イベント処理全般に用意された引数

既定の動作をキャンセルする

引数「Cancel」が用意されているイベント処理では、**イベント処理中に引数Cancelに「True」を代入すると、既定の動作をキャンセル**できます。

次のコードでは、セルをダブルクリックした際に発生するBeforeDoubleClickイベントを利用し、「ダブルクリックした箇所がセル範囲E3:E7内だった場合、セルの値をプラス10する」という処理を作成しています。

セル範囲E3:E7をダブルクリックするとプラス10　　13-4：イベント処理.xlsm（Sheet2）

```
01  Private Sub Worksheet_BeforeDoubleClick(ByVal Target As Range, Cancel As Boolean)
02      '操作セルがセル範囲E3:E7内の場合、10だけ加算
03      If Not Application.Intersect(Target, Range("E3:E7")) Is Nothing Then
04          Target.Value = Target.Value + 10
05          Cancel = True
06      End If
07  End Sub
```

このとき、引数CancelにTrueを代入し、「ダブルクリック後に、セル内編集モードに入る」という既定の動作をキャンセルしています。

図3：引数Targetの利用

> E3:E7内のセルをダブルクリックすると、「現在の値プラス10」の値を入力し、既定の操作であるセル内編集モードへの移行をキャンセルできた

ちなみに、「あるセルが、特定のセル範囲内に含まれているかを判定し、含まれている場合には任意のコードを実行する」という処理を作成する際には、「**Intersectメソッド**」を利用して、次のような形で判定するのが定番です。いろいろな場面で利用できるので、構文のように覚えておくと便利です。

「特定セル範囲内の場合に任意の処理を実行する」定番コード

```
01  If Not Application.Intersect(判定対象セル, 特定セル範囲) Is Nothing Then
02      判定対象セルが特定セル範囲だった場合に実行したい処理
03  End If
```

index
索引

アルファベット

ActiveSheet プロパティ	232
ActiveWorkbook プロパティ	234
AddChart2 メソッド	182
AddComment メソッド	168
Address プロパティ	127, 210, 254
Add メソッド	236, 239, 244, 276
AdvancedFilter メソッド	196, 202, 204
And 演算子	075
Application.GetPhonetic メソッド	118
Application.GoTo メソッド	262
Application.OnKey メソッド	256
Areas プロパティ	144
Array 関数	092, 106
As キーワード	068
AutoFill メソッド	114
AutoFilter メソッド	194, 200
AutoFit メソッド	104
Borders プロパティ	160
Call ステートメント	044, 298
Cells プロパティ	144
Chart プロパティ	184
ClearContents メソッド	126
Close メソッド	248
Columns プロパティ	094, 153
Comment プロパティ	208
Copy メソッド	200, 240, 254, 278
Count プロパティ	097, 144, 222
CurrentRegion プロパティ	096, 128, 152
DateAdd 関数	100
DateSerial 関数	102
Day 関数	102
Debug.Print メソッド	070
Delete メソッド	237
Dim ステートメント	064
Dir 関数	218, 272
DisplayPageBreaks プロパティ	224
End プロパティ	096
Export メソッド	212
FindFormat オブジェクト	138
Find メソッド	138, 260
Font プロパティ	156
For Each Next ステートメント	130
For Next ステートメント	076, 162
Format 関数	098, 124, 214
FormulaR1C1 プロパティ	086, 140
Formula プロパティ	084
FullName プロパティ	217
Function ステートメント	300
Height プロパティ	180, 288
If Else ステートメント	074
If ステートメント	072
IIf 関数	088
Insert メソッド	146
Interior オブジェクト	164
Intersect メソッド	315
Is 演算子	250
Join 関数	142
Left プロパティ	180, 288
Locked プロパティ	265
MkDir ステートメント	218
Month 関数	102
Move メソッド	252
MsgBox 関数	078
Name ステートメント	274
Name プロパティ	217, 232
Next プロパティ	073, 135, 240
Now 関数	214
NumberFormatLocal プロパティ	158
NumberFormat プロパティ	125
Offset プロパティ	082
OnAction プロパティ	292
OnTime メソッド	296
Open メソッド	242

Or 演算子	075	Top プロパティ	180, 288
PageSetup オブジェクト	228	TRANSPOSE ワークシート関数	142
PasteSpecial メソッド	110, 113	UBound 関数	190
Path プロパティ	216, 234	Value プロパティ	082, 116
PrintPreview メソッド	226	VBE	024, 058
R1C1 形式	086, 140	Visible プロパティ	270
Randomize ステートメント	089	Web ページ	294
Range オブジェクト	046, 048	Width プロパティ	180, 288
RemoveDuplicates メソッド	150	With ステートメント	067
RemovePersonalInformation プロパティ	267	Workbooks コレクション	048, 234
Replace 関数	136	Workbook オブジェクト	046, 234
Replace メソッド	132, 135, 136	Worksheets コレクション	048, 232, 258
Resize プロパティ	188	Worksheet オブジェクト	046, 232
Rnd 関数	088	Year 関数	102
Rows プロパティ	094, 153	**あ行**	
Run メソッド	284, 294	値のみ貼り付け	113
SaveAs メソッド	246	イベント処理	312
SaveCopyAs メソッド	214, 220	イミディエイトウィンドウ	025, 070
Save メソッド	246	印刷設定	228
ScrollArea プロパティ	268	印刷プレビュー	226
Selection プロパティ	082	印刷ページ数	222
SetPhonetic メソッド	118	インデント(字下げ)	038
Set ステートメント	066	ウィンドウサイズ	288
Shapes コレクション	174	上書き保存	246
Shell オブジェクト	284, 294	エラー	032, 042
ShowPrecedents メソッド	166	演算子	062
Sort メソッド	192	オートフィル	114
SpecialCells メソッド	144, 170	オブジェクト	046, 066
Split 関数	190	オブジェクトモジュール	027, 313
Step キーワード	162	**か行**	
StrConv 関数	122	改行	093
SUBTOTAL ワークシート関数	206	開発タブ	014
Sub ステートメント	036	改ページ位置	224
TextFrame2 オブジェクト	176	行数	097
TEXTJOIN 関数	142	クイックアクセスツールバー	308
TextRange2 オブジェクト	178	グラフ	182
TextToColumns メソッド	104, 106	グラフの書き出し	212
ThisWorkbook プロパティ	216, 234	繰り返し処理	076, 130
TimeValue 関数	296	罫線	160, 162

317

コードウィンドウ	025
高速化	290
個人情報	266
個人用マクロブック	286
コメント	036, 168
コレクション	048

さ行

作業グループ	258
シートの保護	264
終端セル	096
重複の削除	148, 196
条件付き書式	198
条件分岐	072
ショートカットキー	310
書式で検索	138
シリアル値	041
数式	084
数値	040
図形	174, 178, 180
ステップ実行	030
スポット集計	206
絶対参照	020
宣言	064
選択範囲	188
相対参照	020, 086

た〜な行

代入	064
単語の個数	190
置換	132, 134, 136
抽出	194
データ型	068, 106
定数	056
デバッグツールバー	032
展開（パース）	104
転記	204
トレース矢印	166
並べ替え	192

は行

背景色	164
パス	216
バックアップ	214
比較演算子	072
引数	054, 302
日付値	040, 098
表記統一	122
標準モジュール	027, 034
フィルター	194, 200
フォームコントロール	019, 306
フォント	156
フリガナ	116, 118, 120
プロジェクトエクスプローラー	025, 034
プロパティ	050
プロパティウィンドウ	025
ページ区切り	222
ヘルプ機能	058
変数	064
保存	246
ボタン	019, 306

ま行

マクロの記録	016
マクロの実行	018
マクロ名	036
マクロ有効ブック形式	022
メソッド	052
メッセージダイアログボックス	078
文字色	170
モジュール	034
文字列	040
戻り値	300

や〜わ行

ユニークな値	196
乱数	088
ランダム	088
リセット	032
リテラル	040
ループ処理	076
ロック	264
ワークシート関数	090
ワイルドカード	202, 272

本書サンプルプログラムのダウンロードについて

本書で使用しているサンプルプログラムは、下記の本書サポートページからダウンロードできます。zip形式で圧縮しているので、展開してからご利用ください。

【本書サポートページ】

https://book.impress.co.jp/books/1117101123

1 上記URLを入力してサポートページを表示
2 ［ダウンロード］をクリック

画面の指示にしたがってファイルを
ダウンロードしてください。
※Webページのデザインやレイアウトは
　変更になる場合があります。

---

staff list スタッフリスト

カバー・本文デザイン	米倉英弘（株式会社細山田デザイン事務所）
DTP	tplot inc.
	リブロワークス
デザイン制作室	今津幸弘
	鈴木 薫
制作担当デスク	柏倉真理子
編集	澤田竹洋（リブロワークス）
編集長	柳沼俊宏

本書のご感想をぜひお寄せください

https://book.impress.co.jp/books/1117101123

「アンケートに答える」をクリックしてアンケートにご協力ください。アンケート回答者の中から、抽選で**商品券（1万円分）**や**図書カード（1,000円分）**などを毎月プレゼント。当選は賞品の発送をもって代えさせていただきます。はじめての方は、「CLUB Impress」へご登録（無料）いただく必要があります。

アンケート回答、レビュー投稿でプレゼントが当たる!

本書の内容に関するご質問については、該当するページや質問の内容をインプレスブックスのお問い合わせフォームより入力してください。電話やFAXなどのご質問には対応しておりません。なお、インプレスブックス(https://book.impress.co.jp/)では、本書を含めインプレスの出版物に関するサポート情報などを提供しております。そちらもご覧ください。
本書発行後に仕様が変更されたソフトウェアやサービスの内容に関するご質問にはお答えできない場合があります。
該当書籍の奥付に記載されている初版発行日から3年が経過した場合、もしくは該当書籍で紹介している製品やサービスの提供会社によるサポートが終了した場合は、ご質問にお答えしかねる場合があります。また、以下のご質問にはお答えできませんのでご了承ください。
　　・書籍に掲載している手順以外のご質問
　　・ソフトウェア、サービス自体の不具合に関するご質問
本書の利用によって生じる直接的または間接的被害について、著者ならびに弊社では一切の責任を負いかねます。あらかじめご了承ください。

■商品に関するお問い合わせ先

インプレスブックスのお問い合わせフォーム
https://book.impress.co.jp/info/
上記フォームがご利用いただけない場合のメールでの問い合わせ先
info@impress.co.jp

■落丁・乱丁本などのお問い合わせ先

TEL 03-6837-5016　FAX 03-6837-5023
service@impress.co.jp
受付時間　10:00～12:00 ／ 13:00～17:00
　　　　　（土日・祝祭日を除く）
●古書店で購入されたものについてはお取り替えできません。

■書店／販売店の窓口

株式会社インプレス　受注センター
TEL 048-449-8040　FAX 048-449-8041

株式会社インプレス　出版営業部
TEL 03-6837-4635

できる 仕事がはかどる Excelマクロ 全部入り。

2018年7月21日　初版発行

著者　　古川順平
発行人　小川 亨
編集人　高橋隆志
発行所　株式会社 インプレス
　　　　〒101-0051　東京都千代田区神田神保町一丁目105番地
　　　　ホームページ　https://book.impress.co.jp/

本書は著作権法上の保護を受けています。本書の一部あるいは全部について(ソフトウェア及びプログラムを含む)、株式会社インプレスから文書による許諾を得ずに、いかなる方法においても無断で複写、複製することは禁じられています。

Copyright © 2018 Junpei Furukawa. All rights reserved.

印刷所　音羽印刷株式会社
ISBN978-4-295-00371-7　C3055
Printed in Japan